그들은 어떻게 영어 1등급을 만드나

그들은 어떻게 영어 1등급을 만드나

: 3명 중 1명은 수능 1등급을 받는 대치동 영어 완전학습 로드맵

초판 발행 2023년 12월 22일
3쇄 발행 2024년 4월 5일

지은이 백시영, 남기정 / **펴낸이** 김태헌
총괄 임규근 / **책임편집** 권형숙 / **기획편집** 김희정 / **교정교열** 박정수 / **디자인** 디박스
영업 문윤식, 신희용, 조유미 / **마케팅** 신우섭, 손희정, 박수미, 송수현 / **제작** 박성우, 김정우

펴낸곳 한빛라이프 / **주소** 서울시 서대문구 연희로 2길 62
전화 02-336-7129 / **팩스** 02-325-6300
등록 2013년 11월 14일 제25100-2017-000059호 / **ISBN** 979-11-93080-15-3 03590

한빛라이프는 한빛미디어(주)의 실용 브랜드로 우리의 일상을 환히 비추는 책을 펴냅니다.

이 책에 대한 의견이나 오탈자 및 잘못된 내용에 대한 수정 정보는 한빛미디어(주)의 홈페이지나 아래 이메일로
알려주십시오. 잘못된 책은 구입하신 서점에서 교환해 드립니다. 책값은 뒤표지에 표시되어 있습니다.

한빛미디어 홈페이지 www.hanbit.co.kr / 이메일 ask_life@hanbit.co.kr
네이버 포스트 post.naver.com/hanbitstory / 인스타그램 @hanbit.pub

지금 하지 않으면 할 수 없는 일이 있습니다.
책으로 펴내고 싶은 아이디어나 원고를 메일(writer@hanb.co.kr)로 보내주세요.
한빛미디어(주)는 여러분의 소중한 경험과 지식을 기다리고 있습니다.

그들은 어떻게 영어 1등급을 만드나

3명 중 1명은 1등급을 받는 대치동 영어 완전학습 로드맵

백시영, 남기정 지음

H3 한빛라이프

대치동에서는
3명 중 1명이 수능 영어 1등급을
받습니다

대치동에서 성적이 중위권인 학생은 타 지역에 가면 상위권이라는 말이 있습니다. 사실입니다. 전국 기준 수능 영어 1등급 비율은 5~7퍼센트이지만, 대치동에서는 수능 영어 1등급이 보통 30퍼센트 이상이고 절반을 넘길 때도 많습니다. 대치동에서는 어떻게 이런 결과를 끌어내는 걸까요? 이 책에 그 답이 있습니다.

가장 먼저 지난 수십 년간 대치동에서 살아남은, 효율성이 증명된 영어 학습법을 추려 담았습니다. 입시 영어뿐 아니라 실용 영어까지 아우르는 학습법의 정수입니다. 여기에 더해 코넬대학교를 거쳐 하버드대학교에서 심리학 석사를 마친 필자(백시영)와 중앙대학교에서 영어영문학을 전공하고 주한미군방송국(AFN)에서 영어 뉴스 대본을 쓴 필자(남기정)의 지혜를 끌어모았습니다. 10년 동안 대치동에서 학원을 운영하며 알게 된 비결을 고스란히 담았습니다. 축적된 노하우에 생생한 경험을 더하고 교육심리학적·언어학적 분석까지 더한 책으로, 부모님들에게 가장 확실한 영어 학습의 지침이 될 것입니다.

모든 부모는 자식에게 가장 좋은 것을 해주고 싶어 합니다

·남기정·

제 어머니도 마찬가지셨습니다. 어머니는 저와 누나에게 무엇과도 바꿀 수 없는 사랑을 주셨습니다. 너무나도 감사한 일인데 그런 어머니조차 저희 어린 시절을 떠올리면 가슴 아프다고 말씀하셨습니다. 이런저런 이유로 학업을 제대로 지원하지 못했던 게 내내 마음에 남아 미안하고 속상하다고 말입니다. 충분히 잘 길러주셨다고 아무리 말씀드려도 속상한 마음이 말끔히 씻기지 않으셨던 것 같습니다.

지금 이 글을 읽는 부모님 중에는 '우리 아이도 저 대단해 보이는 '대치동' 교육을 받으면 지금보다 훨씬 공부를 잘할 수 있을 텐데.',

'힘들지만 무리해서라도 대치동으로 넘어가야 하는 건 아닐까?', '이렇게 못 해주고 나중에 후회가 남으면 어쩌지?'라며 고민하고 속상해하실 분이 있을 것입니다. 그런 분들에게 지금 사는 지역에서도 충분히 아이를 잘 길러낼 수 있다는 확신을 드리고 싶어 책을 썼습니다. 이 책에는 대치동 교육의 거품과 허울을 걷어내고 골자만 담았습니다. 책에서 제시한 방법과 로드맵을 따라가면 충분하다고 감히 말씀드립니다. 이미 대치동에서 아이를 교육시키고 있지만 잘하고 있는지 기준을 세우기 어려워하는 분들에게도 합리적인 안내서가 될 것입니다.

항상 저와 누나를 아끼셨던 어머니와 자식에게 더 좋은 교육을 받게 해주려고 애쓰는 모든 부모님께 이 책을 바칩니다.

 ## 아이들을 바르게 지도하는 것은 어른들의 사명입니다

·백시영·

제가 처음 아이들을 지도할 때는 아무것도 모르는 '신입생'이나 다름없었습니다. 잦은 실패가 잇따랐고 그만큼 고생도 많았습니다. 그 과정에서 많이 배웠고 여전히 지금도 매일 아이들에게 배우고 있습니다. 그렇게 아이들에게서 배운 지식과 지혜, 교육 이론을 통해 배운 내용을 공부법으로 모아 전하고 싶었습니다.

우리 아이들은 지금 삶에서 가장 중요한 시기를 보내고 있습니다. 이 중요한 시기에 아이들은 매 순간 변화하며 공부를 통해 자신의 생각을 만들어가고 있습니다. 생각을 만드는 일은 힘든 일임을 알기에 아이들이 생각을 만들어가는 과정을 보며 매일 감동하고 있습니다. 아이들을 더 많이, 더 자주 만날수록 '인류의 미래는 밝다.'라는 생각을 합니다. 힘들고 어려운 '공부'라는 과정을 용감하게 하고 있는 아이들을 보면 더없이 대견합니다.

이렇게 훌륭한 아이를 키우는 부모라면 자식을 더 좋은 방향으로 이끌고 싶을 것입니다. 하지만 의도와 달리 아이를 완전히 잘못된 방향으로 지도하는 부모를 자주 목격합니다. 몰라서일 수도, 실수일 수도 있습니다. 그때마다 안타까웠고 더 이상 아이들을 잘못 지도하는 일이 생기지 않도록 경험과 이론을 통해 증명된 확실한 방법을 널리 알리고 싶었습니다. 그런 마음으로 유튜브 '대치동영어학원내부고발자' 채널을 시작했고, 이 책까지 쓸 수 있었습니다.

부디, 더 많은 분이 아이들과 즐겁게 소통하며 아이들을 바른 영어 학습의 길로 이끌어줄 수 있길 바랍니다.

차례

**1장 대치동은
무엇이 다를까?**

2장 영역별로 어떻게 공부해야 할까?

3장

시기별로
무엇에 집중해야 할까?

4장 학원은 어떻게 실력을 높여줄까?

1

대치동은
무엇이 다를까?

대치동 영어 완전학습 로드맵

부모의
공부 기준이
명확하다

우리나라에서 입시 성공 여부는 초·중등 시기를 어떻게 보냈는지로 결정됩니다. 그런데 중학생까지의 학업과 관련된 결정은 주로 부모가 합니다. 아이의 초·중등 시기 공부 방향을 부모가 주도한다는 말은 입시 성공 여부가 부모에게 달렸다는 말과 같습니다. 물론 이런 세태는 바람직하지 않습니다. 그럼에도 현실을 부정하기는 어렵습니다. 실제로 겪어봐도 아이의 적성과 의지는 기본이고 부모의 정보력과 방향성이 입시 성패를 좌우합니다. 이건 대치동에서 지낸 시간이 쌓일수록 확고해지는 생각입니다.

부모의 공부 기조에 흔들림이 없다

부모들 중 상당수는 '건강하고 행복하게만 자라다오'라는 기조로 초등 아이를 지도합니다. 매우 바람직한 기조이지만, 아이가 고등학생이 되면 상당수 부모가 이 기조를 바꾸는 게 문제입니다.

"중학생 때까지는 놀 만큼 놀았으니, 이제는 대학만 생각하며 공부에 매진시키려 한다."라는 부모를 자주 만납니다. 이런 변화는 부모와 자식 간에 불화의 씨앗이 되기도 합니다. 이 말을 들은 아이는 부모의 기대에 부응하고자 나름대로 애를 씁니다. 하지만 초·중등 시기에 놀던 버릇이 몸에 익었고, 기본기가 탄탄하지 않아 다른 아이들을 따라잡기가 쉽지 않습니다. 스트레스가 이만저만이 아닙니다. 그런데 부모는 아이가 성실하지 않아서 성적이 낮다고 오해합니다. 갈등의 시작입니다.

공부에 대한 기조는 아이가 성인이 되어 독립할 때까지 일관성이 유지되어야 합니다. '건강하고 행복하게만 자라다오' 기조를 끝까지 유지할 수 없다면 어릴 때부터 차근차근 공부 습관을 들이는 게 맞습니다. 공부 기조와 방향은 늦어도 초등학교 입학 전에 정해야 합니다. 그래야 아이와 부모 모두 덜 혼란스럽고 흔들리지 않습니다.

최근 들어 "우리 아이는 좋아하는 일을 하며 살게 하겠다."라고 말하는 부모도 자주 만납니다. 부모라면 누구나 아이가 하고 싶어

하는 일을 하며 평생을 살게 하고 싶습니다. 그런데 초등학생 때는 좋아하는 일과 하고 싶은 일을 스스럼없이 말하던 아이가 중학생이 되면 무엇을 좋아하고 무엇을 잘하고 무엇을 하고 싶은지 모르겠다고 말합니다. 고등학교를 졸업할 때까지 혹은 대학교에 입학한 후에도 자신이 무엇을 하고 싶은지 정하지 못하는 아이가 대다수입니다. 꿈과 진로를 아이에게 맡겨놨다가는 아무것도 못 하고 시간만 보내다 정작 아이가 좋아하지 않는 일을 하게 할 수도 있다는 말입니다. 공부 기조와 방향을 멀리 보고 다양한 변수를 고려해서 정해야 하는 이유입니다.

대치동 부모도 아이가 좋아하고 잘하는 일을 찾을 수 있도록 돕습니다. 하지만 꿈과 진로를 아이에게만 맡기지 않습니다. 언제 생길지 모르는 게 꿈이고, 언제든 바뀔 수 있는 게 꿈이라는 걸 알기 때문입니다. 그래서 꿈과 진로를 찾는 데 매진하기보다는 꿈과 진로를 다양하게 선택할 수 있는 토대를 마련하는 데 집중합니다. 토대의 시작은 공부입니다. 허술한 공부가 꿈과 진로를 발목 잡고, 탄탄한 공부가 꿈과 진로에 날개를 달아줍니다. 초등 시기부터 공부 습관을 들여야 하는 이유가 바로 여기에 있습니다.

고등 '역전' 신화를 믿지 않는다

대치동 부모가 초·중등 시기 학습에 주목하는 또 다른 이유는 고등 역전 신화를 믿지 않기 때문입니다. 고등 역전 신화는 공부를 덜하는 지역일수록 강합니다. 아이와 부모 모두 고등학생 시기의 공부가 진짜 공부이고, 고등학교에 가서 열심히 하면 언제든 뒤집을 수 있다고 여깁니다. 반면 대치동 아이들과 부모는 초·중등 시기의 공부가 입시를 좌우한다는 생각이 확고합니다. 이런 생각이 학업 격차를 벌립니다.

초·중등 시기에 공부를 못하던 아이가 고등학교에 입학하더니 최상위권이 되었다는 이야기를 들어봤을 것입니다. 하지만 이런 아이는 백 명에 한 명 나올까 말까입니다. 20년 가까이 아이들을 봐왔지만 한 손에 꼽을 정도입니다. 하지만 TV나 유튜브에서는 꽤 자주 등장합니다. 드물고 극적인 사례라 영웅담처럼 보여주기 좋은 소재이기 때문입니다. 자주 보면 흔한 일처럼 여겨지고, 흔한 일이라면 나에게도 일어날 수 있는 일처럼 여겨집니다.

희망을 품고 열심히 하는 건 좋습니다. 그런데 대다수 학부모가 '열심히'를 내일(고등 시기)로 미루고 오늘(초·중등 시기)의 공부를 등한시합니다. '고등 역전'은 전체 고등학생 중 1퍼센트 미만에서 일어나는 일입니다. 입시에서 성공한 99퍼센트는 초등 시기부터 단계적으로 꾸준히 공부한 아이들입니다. 이보다 확률이 높은 방법은 없습니다. 대치동 부모는 확률 낮은 공부법을 버리고 확률 높은 공부법에 집중하는 셈입니다.

고등 '역전'이 힘든 다섯 가지 이유

고등 역전은 현실에서 거의 볼 수 없습니다. 왜 그럴까요? 가장 큰 이유는 '절대 시간'의 차이, 즉 초등과 중등 시기가 고등 시기보다 훨씬 길기 때문입니다. 초등 6년과 중등 3년을 합치면 9년입니다. 고등 시기는 3년밖에 되지 않지요. 9년이라는 시간은 3년보다 3배나 긴 시간입니다. 아무리 고등학생이 초등·중학생보다 이해력이 높아졌다고 해도 극복하기 힘든 시간입니다.

두 번째 이유는 '기본기의 부재' 때문입니다. 고등 시기의 공부는 초등과 중등 시기의 기본기를 전제로 합니다. 기본기가 약한 고등학생은 고등학교 교재로 공부하면 이해가 되지 않습니다. 이런 학생들은 초등 교재나 중등 교재로 공부를 하고 초등 수업이나 중등 수업을 들어야 합니다. 하지만 공부 후발 주자 대다수는 이 작업을 소홀히 합니다. 예를 들어 고등 영어 내신에서 변별력이 높은 영문법은 품사, 문장성분, 구와 절 개념을 아이들이 안다는 전제하에 다루어집니다. 즉, 고등학교 수업과 고등 교재는 '1번 보기는 명사절이고 3번 보기는 부사절이므로 정답은 3번이다'라는 식으로 설명합니다. 기본기가 없는 아이에게 이 설명은 오리무중입니다. 고등학교 수업 시간 전체를 통으로 날릴 수도 있습니다.

도저히 안 되겠다는 마음으로 학원을 찾지만 학원 수업도 만만치 않습니다. 보통 고등학생을 대상으로 하는 학원은 선행 위주로 수업을 하고 지필 시험 기간에만 현행을 복습하는 구조입니다. 초·중등 과정에서 다루는 기초를 알려주는 곳은 찾기가 매우 힘듭니다. 과외를 받거나 개별 지도를 전문으로 하는 학원을 찾아야 하는데, 이런 아이들치고 느긋한 아이가 없어서 초·중등 기초 과정은 눈에 차지 않아 거부합니다.

세 번째 이유는 '공부 습관'이 안 잡혀 있어서입니다. 고등학생이 되었으니 이제 공부를 하겠다고 마음먹어도 몸이 따라주지 않습니다. 일단 오랜 시간 집중해서 책상에 앉아 있지를 못합니다. 집중력은 하루아침에 길러지지 않습니다. 오랜 시간 공부에 집중하는 습관이야말로 능력입니다. 책상에 1시간만 앉아 있어도 좀이 쑤시는 아이가 하루에 3시간 이상 집중하며 공부하는 능력을 얻으려면 짧아도 몇 달이 걸립니다. 한 해가 넘어도 그대로인 아이들이 흔합니다. 습관은 말 그대로 오래도록 길들인 버릇입니다. 단시간에 길들이거나 고치기가 쉽지 않다는 말입니다.

공부를 제대로 하지 않았던 아이가 수업을 집중해서 듣기는 더 어렵습니다. 멍하니 듣기만 해서 내용을 이해하지 못한 채로 넘어가기 일쑤입니다. 그런데도 의자에 앉아 있었으니 공부를 했다고 착각합니다. 이런 식이라면 습관은 고쳐지지 않습니다.

게다가 습관은 나이가 들수록 고치기 어렵습니다. 고등학생은 소위 머리가 굵어져서 더 어렵습니다. 초·중등 시기에 운동이나 놀이에 시간을 할애했다면 그나마 낫습니다. 문제는 대다수 아이가 게임과 SNS 같은 미디어 활동에 시간을 할애한다는 것입니다. 공부 습관을 바로잡기 전에 잘못된 미디어 습관부터 바로잡아야 합니다. 당연히 쉽지 않습니다. 하루아침에 고쳐질 일이 아닙니다. 바로 이 지점에서 대다수 부모와 아이 사이에 불화가 생깁니다.

네 번째 이유는 '마음'을 다스리기 힘들어서입니다. 기초가 부족한 상황에서 고등학생이 되어 열심히 한다 해도 그 노력이 단기간에 성적에 반영되지 않습니다. 한동안은 결과가 좋지 않다는 말입니다. 특히 국영수 과목은 한두 달 바짝 한다고 성적이 눈에 띄게 좋아지지 않습니다. 최소 6개월은 해야 하고 그나마도 제한적입니다. 하위권에서 상위권까지 오르려면 최소 2년이 걸립니다. 말이 쉽지 2년을 흔들리지 않고 꿋꿋하게 공부하기란 쉬운 일이 아닙니다.

'열심히 해도 안되는 애'라는 부모와 친구들의 무시와 멸시를 견뎌야 할 수도 있습니다. 참으로 힘든 일입니다. 주변에 그렇게 말하는 사람이 없을 수도 있습니다. 그런데 문제는 나 자신입니다. 당장은 성적이 이 정도이지만 매일 조금씩 나아지고 있다며 스스로 다독이며 나아가야 하는데 대다수 아이가 포기합니다. 달콤한 열매를 맛보기에는 너무 길고 험난한 길이라 짧고 쉬운 길을 택하는 셈입니다.

다섯 번째 이유는 고등학교 내신이 입시에서 차지하는 비중이 크기 때문입니다. 고등학교에 입학한 후에야 공부에 발동을 건 아이는 내신 시험을 잘 보기가 어렵습니다. 3월에 입학했는데 당장

4월에 시험을 보고 이 역시 대학 입시에 반영됩니다. 괜찮다는 고등학교일수록 내신 시험이 수능보다 어렵습니다. 시험 범위가 제한적이지만 해당 범위만 열심히 공부한다고 잘 볼 수 있는 시험이 아닙니다. 내신 시험의 범위는 명목상 범위일 뿐 실제 시험 범위가 아니기 때문입니다. 실제로 내신 시험 점수를 올리는 게 모의고사 점수를 올리는 것보다 훨씬 힘들고 오래 걸리는 학교도 많습니다. 어떤 식이든 시험 범위가 넓으면 배경지식이 탄탄한 아이에게 유리합니다. 배경지식은 단시간에 빠르게 올리기 어렵기 때문에 결국 오랫동안 꾸준히 준비한 아이가 내신 시험을 잘 볼 수밖에 없습니다.

아이들은
매일, 꾸준히, 많이
공부한다

　흔히 대치동 하면 학원가를 먼저 떠올립니다. 저 역시 대치동에서 처음 강의할 때는 잘 갖춰진 학원 시스템이 먼저 보였습니다. 그런데 10년 넘게 대치동에서 지내보니 학원 자체는 다른 지역 학원과 크게 다르지 않았습니다. 다른 지역보다 학원 수가 압도적으로 많은 건 맞지만, 대치동에서 유명하다고 하는 학원 대다수는 다른 지역에도 지점이 있습니다. 그런데 지점마다 결과는 눈에 띄게 차이가 납니다. 일부러 인기 강사를 지점에 보내도 결과는 달라지지 않습니다. 대치동은 학원 시스템만으로 설명할 수 없는 힘이 있습니다. 가장 큰 차이는 역시 아이들입니다.

영어 공부 시간이 1만 시간이 넘는다

대치동 아이들은 초등학교에 입학하기 전에 영어유치원이라고 부르는 영어학원을 많이 다닙니다. 이 시기에 아이들은 3,000시간 가량을 영어로 수업받습니다. 공교육 영어의 총 수업 시간인 714시간◆과 비교하면 3배가 넘는 양입니다. 초등학교에 입학하기도 전에 타 지역 고등학교 졸업생이 받은 수업량을 한참 뛰어넘는 수준입니다.

대치동 아이들은 초등학교에 입학한 후에도 영어 공부를 멈추지 않습니다. 초등 3~4학년까지는 주 3일에서 주 5일 하루 1시간 이상을, 초등 5~6학년부터 중학생 때까지는 주 2일 하루 3시간씩 영어학원에 갑니다. 고등학생이 되면 영어에 투자하는 시간을 조금 줄이긴 하지만 멈추지 않고 학습을 이어나갑니다. 대치동 영어학원의 과제량은 수업을 듣는 시간 이상을 투자해야 소화할 수 있다는 점을 감안하면 초등학생 때부터 고등학생 때까지 7천 시간가

◆ 출처: [국가교육과정정보센터(NCIC)의 별책1_특수교육+교육과정+총론(교육부고시+제2022-3호+일부개정 포함) 15~24쪽] 영어 수업 시수 총 714시간(초등학교 340시간, 중학교 340시간, 고등학교 170시간). 초등학교 시간 배당 기준(1~2학년 0시간, 3~4학년 136시간, 5~6학년 204시간), 중학교 시간 배당 기준(1~3학년 340시간), 고등학교 시간 배당 기준(단위수로 기재한다. 1단위는 50분을 기준으로 하여 17회를 이수하는 수업량이다. 단, 1회는 학교가 자율적으로 운영할 수 있다. 〈개정 2019.12.27.〉, 일반/특목고 전 학년 공통-(10시간×17회=170시간)

량을 영어 공부에 투자하는 셈입니다.

초등학교 입학 전 3,000시간에 초등~고등 시기의 7,000시간을 합치면 무려 1만 시간입니다. 1만 시간은 공교육 영어 수업을 착실히 듣고 자습까지 꼼꼼히 해도 넘어서기 힘든 시간입니다. 대치동 아이들은 이렇게 학습의 핵심 요소인 '시간'을 장악하여 타 지역 아이들을 실력으로 압도합니다.

물론 대치동은 시간을 빼고도 장점이 많은 지역입니다. 무엇보다 대치동에는 공부 잘하는 아이들이 애초에 많습니다. 타 지역에서 공부 좀 한다는 아이들이 이사를 오는 경우도 흔합니다. 뛰어난 아이들이 많다 보니 유명 학원은 물론 소수 정예 학원도 많습니다. 타 지역에서는 보기 힘든 극상위권 아이를 위한 학원, 영어 글쓰기 중심 학원, 외국에서 살다 온 아이들을 위한 학원 등입니다. 학원 수도 많고 종류도 다양한 만큼 학원 간 경쟁이 치열하지만 그만큼 열정 넘치고 실력 있는 강사가 많습니다. 교육열이 높은 곳이라 공부하는 분위기가 잘 형성되어 있다는 점도 큰 장점입니다. 이렇게 여러 장점이 있지만 그 무엇도 시간이라는 무기를 압도할 정도는 아닙니다.

사실, 대치동에서 아이들을 가르쳐보면 환상적일 정도로 특별한 것이 없습니다. 타 지역에서 대치동으로 넘어온 아이들도 수업을 들어보면 별반 다르지 않다고 말합니다. 어떤 선생님의 수업을 들으면 다 잘하게 된다거나, 특정 학원을 다니면 탁월한 효과가 보장된다는 식의 영화 같은 일은 일어나지 않습니다. 압도적으로 큰 차이를 만들어내는 건 결국 영어에 투자하는 시간입니다. 이 말은 대치동에 오지 않더라도 시간을 확보할 수만 있다면 충분히 대치동 아이들만큼 잘할 수 있다는 의미이기도 합니다.

초등학생 때부터 꾸준히 공부한다

타 지역에 사는 부모님들 중에는 어느 시기에 대치동으로 가야 할지를 두고 고민하는 분이 있습니다. 아이에게 공부의 싹이 보이면 그 싹을 제대로 틔워야 할 것 같아서, 반대로 싹이 올라오지 않으면 환경이 척박해서인가 싶어서 이사를 고민합니다. 그런데 정말 대치동으로 오기만 하면 보이지 않던 싹이 올라오고, 올라온 싹은 하루가 다르게 자랄까요?

대치동이라고 해서 잘하는 아이만 있는 것은 아닙니다. 어딜 가나 잘하는 아이(상위권), 보통인 아이(중위권), 못하는 아이(하위권)가 있고 대치동이라고 다르지 않습니다. 다만 확실한 건, 대치동에서 중위권인 아이는 전국 기준으로 보면 상위권에 속합니다. 당연히 대치동에서 상위권인 아이는 전국 기준으로 최상위권에 속하겠지요. 다들 열심히 하는 분위기라 중상위권이 매우 탄탄한 데다, 하위권 아이들조차 공부를 놓은 아이가 드뭅니다. 대치동에서는 평범하게만 길러도 전국 기준 상위권을 만드는 대치동만의 시스템이 있다는 말입니다.

영어만 살펴봐도 전국 기준 수능 1등급 비율이 7퍼센트 안팎인데, 대치동 아이들은 30퍼센트를 가볍게 뛰어넘습니다. 대치동에서는 중위권 학생도 전국 기준으로 보면 상위권이라는 말입니다. 이것이 눈으로 확인할 수 있는 대치동 효과입니다. 이런 결과를 이끈 원동력은 무엇일까요? 앞서 말했듯, 공부하는 시간이 길기 때문입니다. 이 순간 '굳이 대치동으로 가지 않아도 오래도록 많은 시간을 공부한다면 동일한 실력을 낼 수 있겠군. 생각보다 간단하네!' 싶을 것입니다. 하지만 이내 생각이 바뀔 것입니다. 오래도록 길게 공부하는 것이야말로 가장 힘든 일이라는 걸 알기 때문이죠. 어쩌면 '오래도록 꾸준히 당연한 듯 많이 공부하는 분위기'를 이끄는 것이야말로 대치동의 최대 강점입니다.

이 분위기는 어떻게 만들어진 걸까요? 공부는 어릴 때부터 꾸준히 하는 것이 좋다는 '의식'과 인간의 의지에 지나치게 의존하는 것을 경계하는 '시스템'으로 만들어집니다. 의식부터 살펴보겠습니다. 앞서 말했듯, 타 지역에 사는 상당수 아이들 심지어 부모들조차 초·중등 시절에는 슬슬 공부해도 괜찮다고 여깁니다. 공부는 고등학생 때부터 열심히 해야 한다는 의식이 지배적입니다. 철들어서 하는 공부가 진짜 공부이니 중학생 때까지는 기본만 닦는다는 식입니다. 대치동 아이들은 어떨까요? 대치동 아이들은 부모와 마찬가지로 고등학교 성적은 중학교 때까지 어떻게 공부했는지로 판가름 난다고 여깁니다. 그러자면 '초등학생 때부터 꾸준히' 해야 한다고 여깁니다.

대치동의 '초등학생 때부터 꾸준히'와 타 지역의 '고등학생 때부터 열심히'는 어떤 결과로 이어질까요? 현실에서 고1 모의고사 성적은 고3 수능 성적으로 그대로 이어집니다. 초등학생 때부터 중학생 때까지 공부를 많이 하지 않았던 학생이 고등학생이 되었다고 갑자기 딴사람이 되어 열심히 하는 경우는 극히 드뭅니다. 6년 넘게 차곡차곡 쌓은 습관이 하루아침에 바뀔 리 없으니까요. 설사 고등학생이 된 후 태도가 급격히 좋아져 열심히 공부한다고 해도 쉽지 않습니다. 이 시기는 그동안 열심히 해왔던 아이들이 더 열심히 하는 시기이고, 막상 열심히 하려고 해도 빡빡한 학교 일정과 수행평가로 물리적인 시간이 부족한 시기라 성적을 극적으로 뒤집기는 어렵습니다.

'고등학생 때부터 열심히' 하려는 아이들은 그때서야 알아챕니다. 해야 할 공부는 많은데 시간이 부족하다는 것을요. 발등에 불이 떨어진 격입니다. 이때 가장 먼저 시도하는 일이 수면 시간 줄이기입니다. 하지만 수면 시간 줄이기는 고통이 큰 데 비해 실익이 적습니다. 하루에 6시간씩 자던 아이가 고1 2학기부터 고3 1학기까지 2년 동안 3시간씩 잔다고 해보죠. 잠을 줄여서 확보한 하루 3시간을 영어 공부에만 투자한다고 하면 2년 동안 2,190시간을 더 공부할 수 있습니다. 2,190시간은 결코 짧은 시간이 아니지만, 대치동 아이들이 중학교를 졸업할 때까지 투입한 8,000시간과 비교하면 약 25퍼센트 수준입니다. 시간으로 승부를 보기엔 턱없이 부족합니다. 그렇다면 집중도를 끌어올려 보완해야 하는데 3시간만 자고도 남다른 집중력까지 발휘할 수 있는 사람은 세상에 없습니다. 수면 시간을 줄인 만큼 정신은 몽롱해질 뿐입니다.

'고등학생 때부터 열심히' 하려는 아이들은 수업 이해도에서도 '초등학생 때부터 꾸준히' 한 아이들에게 밀립니다. 고등학교 수업은 아이들이 중학교 과정을 모두 이해했다는 전제 아래 진행됩니다. 이런 교실에서 배경지식이 부족한 아이가 배경지식이 탄탄한 아이보다 수업을 더 잘 이해할 리 없습니다.

'고등학생 때부터 열심히' 하는 아이가 '초등학생 때부터 꾸준히' 하는 아이보다 스트레스도 더 받습니다. 보통은 초등학교 때부터 공부를 시키면 아이가 스트레스를 많이 받을 거라고 여깁니다. 그래서 아이가 철들 때까지 기다리고 스스로 공부하게끔 유도하려고 합니다. 초등 시기부터 공부하면 안 하는 아이보다 스트레스를 더 받는 건 맞습니다. 하지만 공부에 익숙하지 않은 채로 오랜 시간을 보내다가 고등학교에 올라가 무리해서 공부하는 아이들은 초등 시기부터 꾸준히 해온 아이들보다 훨씬 더 많은 스트레스에 시달립니다. 이건 제(남기정) 이야기이기도 합니다.

저는 중학교 때까지 공부를 가까이 하지 않은 탓에 고등학생이 되어서는 죽어라 공부했지만 쉽지 않았습니다. 제 인생을 통틀어

스트레스를 가장 많이 받던 시절입니다. 등을 침대에 붙이고 편안하게 잔 기억이 없을 정도로 수면 시간을 줄였습니다. 그런 탓에 수업 시간이면 늘 졸음이 밀려왔고 집중하기 쉽지 않았습니다. 정신을 바짝 차리고 듣는다고 해도 중학교 때까지 습득했어야 할 기본 지식이 부족하다 보니 수업 내용을 이해하기 어려울 때도 많았습니다. 삭발까지 해가며 열심히 해도 공백을 메우기가 어려웠고, 기대한 점수가 나오지 않으니 자존감은 바닥을 쳤습니다. 그나마 초등 시기에 책을 많이 읽어둔 덕에 늦게나마 정상적인 학습 궤도에 어렵사리 올라설 수 있었습니다.

대치동에서 10년 넘게 아이들과 생활하면서 알게 된 것은 어릴 때부터 꾸준히 공부한 아이들이 공부 스트레스를 오히려 덜 받는다는 점입니다. 스마트폰, 게임, TV 같은 영상 매체에 지나치게 노출되지 않은 아이들이 자신에게 적절한 학습법을 익히고 나면 영어를 무척 재미있다고 여기는 경우가 많습니다. 이렇게 꾸준히 영어를 배워온 아이들은 중학생 정도가 되면 우리말 수준까지는 아니더라도 영어의 소리, 문장 구조, 표현에 익숙합니다. 영어가 일상의 한 부분으로 자리 잡히면 영어로 된 글을 읽는 게 결코 스트레스가 아닙니다.

어릴 때부터 영어 공부를 시작하면 한 달에 3,000단어 암기하기와 같은 무리한 학습을 할 필요가 없으므로 완급 조절을 하면서 학습을 이어가기도 좋습니다. 공부를 늦게 시작할수록 학습 공백이 커져 무리할 수밖에 없고, 무리하지 않으면 좋은 결과를 낼 수 없습니다. 고등학생이 이 상황이면, 남들 다 하는 공부라 부모에게조차 힘들다고 말하기도 어려워 공부와 외로운 싸움을 해야 합니다.

공부 시간, 집중력, 수업 이해도, 스트레스 이 넷 중에 어떤 것도 '고등학생 때부터 열심히' 하는 아이가 '초등학생 때부터 꾸준히' 하는 아이보다 유리하지 않습니다. 고등학생이 되어서야 열심히 공부해 성공하는 아이가 전교에서 한 명 나올까 말까 하는 이유입니다. 상대적으로 '초등학생 때부터 꾸준히' 하는 아이는 매우 높은 확률로 좋은 결과를 냅니다. 이것이 대치동 아이들이 갖고 있는 의식의 힘입니다.

비가 오나 눈이 오나 학원에 간다

대치동은 의지에 의존하지 않는 '시스템'이 구축되어 있습니다. 쉽게 말해, 면학 분위기가 조성되어 있어 공부하는 걸 당연시합니다. 인간의 의지는 한정적입니다. 소모품처럼 쓰면 쓸수록 닳아 없어집니다. 의지가 아무리 드높아도 주변 환경이나 시스템이 받쳐주지 않으면 의지는 순식간에 바닥을 치고 가라앉습니다. 너도나도 노는 분위기에서 공부하려면 의지가 배로 들기 때문에 공부하는 게 보통 일이 아닙니다. 반대로 너도나도 공부하는 분위기라면 공부하는 게 당연해서 의지를 동원할 필요가 없습니다.

의지가 있으면 공부하는 게 무척 수월해집니다. 하지만 언제나 의지가 충만할 수는 없습니다. 그럴 때 시스템이 진가를 발휘합니다. 의지가 바닥나고 의욕이 사라졌을 때조차 공부하는 게 자연스러운 환경을 조성하는 게 시스템입니다. 시스템 유지의 핵심은 타인과의 관계에서 오는 긴장감입니다. 긴장감을 유지시키는 가장 쉬운 방법은 '비가 오나 눈이 오나 학원 가기'입니다. 학원 영업처럼 들릴 수 있지만 학원 다니기만큼 꾸준히 공부하게 하는 수단도 찾기 어렵습니다. 학원 대신 과외 수업을 떠올릴 수 있는데, 과외 수업은 긴장감을 꾸준히 유지시키기 힘듭니다. 또래 학생들에게서 받는 자극과 긴장이 덜하기 때문입니다.

학원에는 고유한 분위기가 있습니다. 일종의 생태계라고도 볼 수 있는 유기적인 관계망입니다. 그 안에서 아이는 자신의 위치를 끊임없이 확인하며 선생님뿐 아니라 주변 아이들을 보고 배웁니다. 의지가 바닥날 때는 이곳에서 에너지를 얻기도 합니다. 이해력이 뛰어나 혼자서 책만 보고도 지식을 습득하는 데 무리가 없는데도 학원에 가는 아이들이 있습니다. 선생님에게 굳이 설명을 따로 들을 필요가 없는데도 말입니다. 집에서 혼자 책을 보며 공부할 수 있지만, 장기간 유지하기가 어렵다는 걸 본능적으로 아는 아이들입니다. 실제로 학원에 오면 더 활력이 넘치는 아이들이 생각보다 많습니다. 함께하는 선생님과 친구들에게서 공부 에너지를 얻기 때문입니다.

"공부는 하고 싶을 때 하게 해야 한다."라는 말은 참으로 듣기 좋은 말이지만 현실에서는 전혀 힘이 없는 말입니다. 의지는 생각만큼 오래가지 않기 때문입니다. 의지가 꺾이는 순간 결과는 더 처참해집니다. 일단 학원에 앉혀놓으면 공부 의욕이 없거나 적은 아이라도 그곳에 있는 시간만큼은 곧잘 합니다. 의지가 없을 때는 학원비가 아까워서라도 학원에 나가고, 학원 친구들이 그리워서라도 나가고, 부모님이 지원해 주는 것이 고마워서라도 나가서 공부해야 합니다. 이렇게 조금씩 확보한 공부 시간이 쌓이면 후발 주자는 결코 따라잡을 수 없을 정도로 든든한 학업 기반이 됩니다.

"아이가 의욕이 없어서 학원을 좀 쉬려고 하는데 어떻게 해야 할지 모르겠다."라고 묻는 사람이 많습니다. 그럴 때마다 저는 "학원은 의욕이 없을 때를 대비하기 위해서 가는 곳이다."라고 말합니다. 의욕이 넘칠 때는 어디서 해도 누구라도 잘합니다. 하지만 의욕은 언젠가 떨어지고, 그때마다 공부를 멈추면 어떤 공부도 잘할 수 없습니다. 공부를 멈추지 않도록 옆에서 지지해 주는 게 학원이고, 이런 학원 시스템이 견고하게 자리 잡은 곳이 대치동입니다.

대치동 아이들처럼 공부하기의 핵심은 '초등학생 때부터 꾸준히' 하면 승리하리라는 의식과 의지가 없을 때조차 공부하게 만드는 '비가 오나 눈이 오나 학원 가기'입니다. 이 두 가지를 실현할 수만 있다면 그곳이 어디든 대치동 학원가와 똑같은 효과를 누릴 수 있을 것입니다.

2

영역별로 어떻게
공부해야 할까?

대치동 영어 완전학습 로드맵

어휘,
그냥 외우면
될까?

어휘 습득은 영어의 시작점이자 영어 학습 기간 내내 이루어지는 영어 학습의 필수 요소입니다. 어휘를 습득하는 방법은 크게 '작정하고 외우기'와 '자연스럽게 습득하기'로 나눠집니다. 한국에서 영어를 배운다면 두 가지 방법을 필연적으로 쓸 수밖에 없습니다. 이 두 가지 방법을 효과적으로 익히는 요령을 소개하고 성향과 상황에 따라 효과적으로 공부하는 방법을 살펴보겠습니다.

작정하고 외우기 vs 자연스럽게 습득하기

'작정하고 외우기'는 적당한 어휘집을 고르고, 하루에 외울 어휘

분량을 정하여 외우는 방식입니다. 어휘집에 있는 단어 순서대로 철자, 발음, 뜻, 예문을 확인하고 익힙니다. 이 방법의 핵심은 반복입니다. 특정한 상황이나 맥락 속에서 단어를 익히는 게 아니다 보니 외우는 건 어렵지 않지만 한두 번 봐선 금방 잊어버립니다. 장기 기억으로 넘기려면 외운 단어라도 몇 차례 반복해서 외워야 잊히지 않습니다. 그러자면 외울 단어 분량에 대한 계획과 함께 어떻게 반복할지를 계획해야 합니다.

제가 추천하는 방법은 이렇습니다. 보통 어휘집은 일(day) 단위로 구성되어 있고, 일당 30개 안팎의 단어가 담겨 있습니다. 따라서 첫째 날에는 day 1을 외웁니다. 둘째 날에는 day 1과 day 2를 외우고, 셋째 날에는 day 1, 2, 3을 외웁니다. 이런 식으로 진행하면 여섯째 날에는 day 1부터 day 6까지 외우게 됩니다. 이렇게 일주일을 보내고, 다음 주가 돌아오면 다시 첫째 날에는 day 2~7, …, 여섯째 날에는 day 7~12 식으로 무한히 이어집니다. 이렇게 하면 각 단어를 총 여섯 번씩 보게 되는데, 이 정도로 봐야 장기 기억으로 넘길 수 있습니다.

단어를 정확히 외웠는지 확인하려면 그날그날 단어 시험을 보면 좋습니다. 시험지는 어휘집에 따라 부록으로 제공되거나 홈페이지에서 내려받도록 하는 경우가 많습니다. 대표적인 어휘집으로 《Word master》(이투스북), 《주니어 능률 VOCA》(NE능률), 《뜯어먹는 1800》(동아출판) 등이 있습니다.

대표 어휘집

어휘집은 초등·중등·고등별, 난이도별, 수능 빈출 등으로 나오므로 특정 시험에서 자주 나오는 어휘를 맞춤형으로 골라 익힐 수 있습니다. 대다수 어휘집이 QR코드를 제공하므로 단어의 발음 등을 확인할 수 있고, 온라인 보충학습을 할 수 있도록 구성한 경우도 많으므로 활용해 보면 좋습니다.

'자연스럽게 습득하기'는 지문을 읽거나 문장을 들으면서 자연스럽게 어휘를 습득하는 방식입니다. 상황이나 맥락을 이해한 상태에서 자연스럽게 익히는 구조라 어휘를 거부감 없이 자연스럽게 익힐 수 있습니다. 단어의 용례도 제대로 배울 수 있을 뿐 아니라 맥락 속에서 단어의 뜻을 유추하는 구조라 중간중간 단어를 찾지 않아도 돼, 독서를 이어가기에도 좋습니다.

다만 '자연스럽게 습득하기'는 영어에 대한 지식이 전무한 상황에서는 적용하기 힘든 방식입니다. 지문을 읽어 내려갈 때 모르는 어휘가 너무 많거나 문장 구조를 파악하지 못한 상태라면 맥락이나 상황을 파악하기 힘들기 때문입니다. 최소한의 영어 기반 지식을 습득한 상태라야 적용할 수 있다는 말입니다. 더불어 하루 독서량과 대화량이 최소 30분은 되어야 효과를 내는 방식입니다. 이 시간을 확보할 수 없다면 '작정하고 외우기'가 낫습니다.

정답은 없습니다. 시간이 충분하다면 다독 또는 듣기나 대화를 통해 영어 노출 시간을 늘리는 식으로 '자연스럽게 습득하기'를 추천합니다. 어휘뿐 아니라 영어권 문화, 역사, 배경지식까지 익힐 수 있기 때문입니다. 반대로 영어에 투자할 수 있는 시간이 제한적이거나 당장 시험을 봐야 하는 경우라면 '작정하고 외우기'를 권합니다. 특정 시험을 임박해서 준비하는 경우 역시 해당 시험의 빈출 단어를 집중적으로 익혀야 하므로 '작정하고 외우기'가 낫습니다.

'자연스럽게 습득하기'로 학습하면 단어의 뜻을 정확하게 익히지 않고 어렴풋하게 아는 채로 넘어갈 여지가 많다며 걱정하는 분이 있습니다. 저 역시 영어 노출량과 독서량이 충분치 않은 아이에게는 '작정하고 외우기'를 병행하라고 권합니다. 책을 읽거나 영상을 본 다음 책이나 영상물에 나온 단어를 묶어낸 어휘집으로 다시 한번 어휘를 정리하는 식입니다. 이 방식은 흐름을 깨지 않고 책이나 영상을 끝까지 본 후에 놓쳤던 표현을 정리할 수 있어 좋습니다.

책이 많지는 않지만 롱테일북스 출판사에서 나오는 책을 이용하면 이 방식을 쉽게 취할 수 있습니다. '원서(각주로 단어 정리)+워크북(단어장&퀴즈)+MP3 음원' 세트 또는 《해리포터》에 나온 단어만 정리해서 엮은 어휘집을 구입할 수 있습니다. 충분하지는 않지만 뉴베리 수상작, 디즈니북, 아서 시리즈 등도 쉽게 만나볼 수 있습니다.

롱테일북스 홈페이지(http://longtailbooks.co.kr)

영한 뜻풀이 vs 영영 뜻풀이

단어를 외울 때 뜻을 한글로 외울지, 영어로 외울지를 두고 고민하는 분도 많습니다. 영한 뜻풀이는 'apple=사과' 식으로 영어 단어에 부합하는 한국어 단어나 뜻을 풀어놓은 방식입니다. 영영 뜻풀이는 'apple = a round fruit with red, yellow, or green skin and firm white flesh(껍질은 빨강, 노랑 또는 초록색이고 과육은 단단하고 하얀 동그란 과일)' 식으로 영어 단어의 뜻을 영어로 풀어놓은 방식입니다.

"어느 방법으로 외우는 게 좋은가?"라고 물으면 "장단점이 다르니 둘 다 해보세요."라고 권하지만, 초보자에게는 영한 뜻풀이로 외우라고 합니다. 초보자는 단어 뜻을 찾아볼 일이 많은데 영영 뜻풀이는 품이 많이 들어 쉽지 않습니다. 아무래도 영한은 단어와 단어의 매칭이라 간단하게 정리되는 데 비해, 영영은 단어에 대한 뜻풀이이다 보니 뜻풀이에 모르는 단어가 나올 경우 계속 파고들어 가야 해서 오래 걸리기 때문입니다.

예로 든 'apple=사과'는 참으로 간결합니다. 물론 영한 암기법이 늘 간결한 건 아닙니다. 영어 단어와 한국어 단어가 정확하게 부합하지 않아 의미가 왜곡될 수 있습니다. 예를 들어 contribute를 영한사전에서 찾으면 "1. 기부하다 2. (...의) 한 원인이 되다 3. 기여하다"로 적혀 있습니다. 하지만 '2. (...의) 한 원인이 되다'는 바로 머릿속으로 들어오지 않다 보니 '기부하다'와 '기여하다' 정도로만 기억합니다. 이렇게 외우면 contribute가 정작 문장에 나왔을 때 헷갈릴 수 있습니다. 우리말에서 '기여하다'는 '도움이 되도록 이바지하다'라는 긍정적인 의미인 데 비해, 영어에서는 '어떤 결과에 이르도록 하다'라는 의미인 2번 뜻과 비슷해집니다. 2번은 긍정적인 의미로도 쓰이지만 결과에 따라 부정적인 의미로도 쓸 수 있습니다. "His scandal contributed to his defeat. (그의 스캔들은 그의 패배의 원인이 되었다./그의 스캔들은 그가 패배하는 데 기여했다.)"처럼 말이죠.

영영 뜻풀이는 뜻도 영어로 풀이되어 있어 뉘앙스를 파악할 수 있고, 어려운 단어를 쉬운 단어의 조합으로 표현하는 방법까지 익힐 수 있어 좋습니다. 다만 풀이에 사용된 표현을 잘 알지 못하면 의미를 정확하게 파악할 수 없습니다. 초보자에게 권하지 않는 이유입니다. 또한 apple의 영영 뜻풀이에서 볼 수 있듯이 풀이를 보고 바로 단어를 떠올리기 힘들 수 있다는 단점도 있습니다. "a round fruit with red, yellow or green skin and firm white flesh"라는 설명만으로 바로 '사과'를 떠올리기 어렵다는 말입니다.

이런 이유로 영한 뜻풀이와 영영 뜻풀이를 이왕이면 함께 사용하길 권합니다. 둘을 병행하면 의외로 한국어 어휘력까지 높일 수 있습니다. 예를 들어 retina를 찾으면 영한사전에서는 "(눈의) 망막", 영영사전에서는 "the sensitive tissue at the back of the eye that receives the images and sends signals to the brain about what is seen(시각 정보를 받아서 뇌로 신호를 보내는 눈의 가장 뒤쪽에 있는 조직)"이라고 나옵니다. 이처럼 영한 뜻풀이와 영영 뜻풀이를 함께 보면 망막이 무엇인지 어렴풋하게 알았던 사람도 그 개념을 정확하게 알게 됩니다.

학원에서 아이들을 관찰해 보면 영한 풀이로 단어를 외우는 아이들 중 영어에 매칭된 한국어 단어의 뜻을 모른 채 글자로만 외우는 경우가 많습니다. 예를 들면 delegate의 뜻을 "대표, 위임하다, 뽑다."라고 술술 말하지만, 정작 '위임하다'의 뜻은 모르는 식입니다. 이런 문제는 영한 뜻풀이와 영영 뜻풀이를 병행하면 쉽게 해결할 수 있습니다.

발음을 익히는 세 가지 방법

영한 뜻풀이든 영영 뜻풀이든 단어를 익힐 때는 반드시 발음과 예문을 함께 익혀야 합니다. 특히 읽기와 쓰기 중심인 지필고사 시스템에서는 발음을 소홀히 하기 쉬운데, 단어를 잘 외우기 위해서도 발음은 매우 중요합니다. 인간은 시각 정보만 접할 때보다 청각 정보를 함께 접할 때 더 잘 기억하기 때문입니다.[◆] 당연히 말하기나 듣기를 할 때도 단어의 정확한 발음을 알면 큰 도움이 됩니다.[◆◆] 발음을 무시하고 글자로만 단어를 익힌 사람은 아는 단어를 들어도 그 단어를 인식하지 못하며 말을 제대로 하기도 힘듭니다.

아이들은 단어를 암기할 때 어떻게 발음을 익힐까요? 대개 철자

[◆]   한정아. "청각적 입력이 어휘의 장·단기 기억에 미치는 효과" 국내석사학위논문 한국외국어대학교 교육대학원, 2007. 서울

[◆◆]   Drewnowski, A., & Murdock, B. B. (1980). The role of auditory features in memory span for words. Journal of Experimental Psychology: Human Learning and Memory, 6(3), 319-332. https://doi.org/10.1037/0278-7393.6.3.319

만 보고 발음을 짐작해서 익히거나 발음을 찾아 음성으로 들으면서 익힙니다. 또는 발음기호를 눈으로 보면서 익히기도 합니다. 하나씩 살펴보겠습니다.

'철자만 보고 어림짐작해서 발음하기'는 발음 규칙에 잘 맞는 쉬운 단어라면 괜찮지만 발음 규칙에서 벗어난 단어들이 많아질수록 통하지 않습니다. 영어는 철자와 발음이 일대일로 대응되는 언어가 아닙니다. 원어민조차 철자만 보고 정확한 발음을 짐작하기가 어렵다고 말합니다. gerund(동명사)를 예로 들면 ['dʒerənd, 제런드]라고 읽어야 하는데 원어민조차 ['gerənd, 게런드]라고 읽곤 합니다. 하물며 영어 어휘를 충분히 듣지 못한 한국인이 철자만 보고 발음을 익힌다는 건 불가능에 가깝습니다. 대표적으로 자주 쓰는 again만 봐도 철자로만 읽으면 [ə'gem, 어게인]인데 정확한 발음은 [ə'gen, 어겐]입니다.

'발음을 찾아서 음성으로 들으며 익히기'는 청각 자극이 곁들여져 더 쉽고 정확하게 외울 수 있는 매우 좋은 방식입니다. 영어사전에서 발음 듣기 기능을 이용하거나 어휘집에서 제공하는 음원을 활용해도 좋습니다. 발음 검색 사이트인 유글리시(youglish, https://youglish.com)나 얀(Yarn, https://getyarn.io) 등을 이용하면 유튜브 영상 중에서 검색한 단어가 나온 부분만 발췌하여 들을 수 있어 생활 속 발음을 익힐 수 있습니다. 다만 앱이나 웹사이트에서 단어를 검색하여 발음을 들으려면 검색하는 시간도 들고 스마트폰이나 노트북 같은 전자 기기가 곁에 있어야 쓸 수 있습니다. 게다가 유글리시처럼 유튜브로 연결되는 방식을 쓰면, 발음을 들으러 갔다가 다른 재미있는 영상으로 넘어갈 수 있으므로 주의해야 합니다.

유글리시에서 euthanasia를 검색한 결과 단어가 쓰이는 영상과 영상 영어 지문을 확인할 수 있습니다.

지문에 보이는 단어를 클릭하면 단어의 뜻, 동의어, 용례 등을 상세하게 표시한 창이 나타납니다.

'발음기호를 보며 익히기'는 부모 세대에는 가장 일반적인 방식이었지만 요즘 아이들에게는 낯선 방식입니다. 요즘에는 발음기호는 몰라도 괜찮다는 의식이 대세이기 때문입니다. euthanasia는 '안락사'라는 뜻을 가진 단어인데, 이 단어를 제대로 발음하는 학생이 거의 없습니다. 철자를 보고 발음을 짐작하기가 힘든 단어이기 때문입니다. 어휘집에 있는 발음기호인 [ˌjuːθəˈneɪʒə]를 보여주면 대다수가 '도대체 이걸 어떻게 읽지?'라는 반응입니다. 저는 초등학교 고학년생부터는 발음기호를 익혀서 외우는 걸 기본으로 하라고 추천합니다. 발음기호는 단시간만 투자하면 바로 익힐 수 있고 기기가 없어도 언제 어디서나 적용할 수 있기 때문입니다. 20분 정도만 투자해도 익힐 수 있는데, 한 번 익히면 수천 단어의 발음을 바로 확인할 수 있으니 시간 투자 대비 실익이 매우 큰 방식입니다.

유튜브에 '영어 발음기호'라고 검색하면 관련 영상이 다양하게 나옵니다. 하루빨리 발음기호를 익혀서 내가 제대로 읽는 게 맞는지 확인하길 권합니다. 발음에 대한 확신은 말하기 자신감과 연결되므로 지금 당장 시작하는 게 맞습니다.

단어 시험과 오자 첨삭

어휘를 익혔는지 확인하려면 시험을 봐야 합니다. 어휘 실력은 평상시에는 눈에 보이지 않습니다. 드러나지 않는 실력을 쌓기 위해 애쓰는 아이는 드뭅니다. 시험을 규칙적으로 보지 않으면 쉽게 해이해지는 이유입니다. 매일 외워야 하는 어휘가 많지 않아도 하루 이틀 미루다 보면 나중에는 감당하기 힘들어집니다. 매일 일정량을 소화할 수 있도록 부모님과 선생님이 도와야 합니다.

앞서 어휘집을 몇 종 소개했는데, 그중 《Word Master》의 경우 초등 수준부터 고등 수준까지 난이도별로 다양하게 나와 있어 수준에 맞춰 고르기 좋습니다. day별로 그날 외운 단어를 점검해 볼 수 있는 테스트지도 본문에 담겨 있지만, 4일 누적 시험지가 별도

워크북으로 제공되어 편하게 활용할 수 있습니다. 영단테 홈페이지(https://word.etoos.com/main)나 '워드마스터 학습앱'을 이용하면 컴퓨터나 스마트폰에서도 편하게 단어 시험을 볼 수 있습니다.

단어 시험지는 대부분 '①영어→한국어(제시된 영어 단어에 맞는 한국어 뜻 쓰기), ②한국어→영어(제시된 한국어 뜻에 맞는 영어 단어 쓰기), ③문맥에 맞게 빈칸에 알맞은 단어 쓰기'로 구성되어 있습니다. 생소한 단어를 처음 접하는 단계에서는 영어→한국어 문제와 문맥에 맞는 단어 쓰기 문제에 집중하는 편이 효과가 높습니다. 그러다 단어 반복 횟수가 늘면 한글 뜻을 보고 영어 단어를 쓰는 한국어→영어 문제의 비중을 늘리는 방향으로 나아가는 것이 좋습니다.

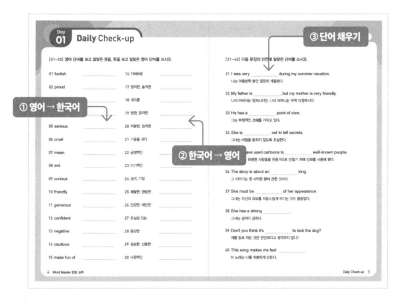

《Word Master》 워크북 중에서

초등학교 저학년생은 알파벳이 제대로 인지되지 않아 p와 q, d와 b를 헷갈려 하며 바꿔 쓰기도 합니다. 이럴 때 부모는 가볍게 글자를 교정해 주는 정도로 넘겨야 합니다. 철자를 제대로 쓰는 것도 중요하지만 읽고 듣고 쓰고 말할 때 의미가 통하는 게 훨씬 중요하기 때문입니다.

보통 철자 인지가 덜 된 아이들은 한두 달 만에 쓰기가 완벽해지기 힘듭니다. 열심히 노력한다고 해도 잘되지 않습니다. 억지로 철자를 맞춰 쓰게 해도 제한적으로만 개선되고, 이 과정에서 아이들은 스트레스를 너무 많이 받습니다. 그래서 영어를 싫어하게 된 아이도 많으므로 주의해야 합니다. 철자를 익히는 데 어려움을 겪는 아이라면 매일 영어 글쓰기를 생활화하여 철자 오류를 첨삭 받고 올바른 철자로 다시 쓰도록 지도해 주면 좋습니다. 이 방식은 자주 쓰는 단어의 철자를 익힐 수 있도록 돕고, 맥락과 의미를 이해하면서 자연스럽게 철자를 익힐 수 있어 아이들이 스트레스를 훨씬 덜 받습니다.

어원으로 외우기

'어원으로 단어 외우기'도 매우 좋은 방법입니다. 국어 어휘력을 늘릴 때 한자를 빼고 이야기할 수 없는 것과 같은 원리입니다. 한국어가 모국어인 우리는 한자를 쓰지는 못해도 '수력발전소'나 '화력발전소' 같은 단어를 들으면 '수'가 물이고 '화'가 불이라고 생각합니다. 영어에서도 이런 한자어에 상응하는 라틴어 어원이 존재하고, 굳이 라틴어 어원이 아닐지라도 단어를 쪼개어 생각하는 사고방식은 영어 공부에 도움이 됩니다. 예를 들면 아침 식사를 가리키는 breakfast는 break(깨다)와 fast(금식)를 합친 단어인데, 뜻을 곱씹어 보면 '새벽 내내 속을 비워둔 금식 상태를 깨는 것이 아침 식사'가 됩니다. 이렇게 기억하면 break, fast, breakfast를 더 잘 외울 수 있습니다.

어원을 어휘집에 적용한 책에는 《능률 VOCA 어원편》(NE능률), 《해커스 보카 어원편》(해커스어학연구소), 《강성태 영단어 어원편》(키출판사) 등이 있습니다. 물론 책에 담긴 어원 설명이 모두 수긍이 가지 않거나 크게 도움이 되지 않을 수 있습니다. 하지만 이 책들로 어휘를 외우면 여러 단어를 관련지어 생각하는 사고방식과 습관을

어원으로 익히는 어휘집

기를 수 있습니다. 어원을 찾아서 관련어를 외우는 방식을 사용하다 보면 나중에는 처음 보는 단어도 뜻을 어느 정도 짐작하는 수준에 이르기도 합니다.

문법,
어떻게
배워야 할까?

문법이라고 하면 보통 딱딱하고 어려운 것으로 받아들입니다. 물론 그렇다고 해도 내신 시험과 수능 시험에는 문법 문제가 꼭 등장하므로 나름대로 공들여 공부합니다. 그런데 정말 문법은 시험을 잘 보기 위해서 공부하는 걸까요? 생활 영어를 익히는 경우라면 문법을 몰라도 괜찮은 걸까요?

문법은 실용 영어에서 더 중요하다

저 역시 학창 시절에는 한동안 포기한 채 지냈을 정도로 문법이 눈엣가시였습니다. '말만 통하면 되지, 왜 이런 걸 배워야 해?'라고 의아하게 여겼습니다. 그랬던 제가 문법을 새롭게 익혔던 건 순전히 실용적인 이유에서였습니다. "그 남자는 작년에 죽었어.", "나의 죽음을 적에게 알리지 마라.", "죽은 자는 말이 없다."라는 말을 해야 하는데 그때마다 die(죽다)를 써야 할지, death(죽음)를 써야 할지, dead(죽은)를 써야 할지 헷갈렸습니다. 실제로 영어 학습자 중에는 이런 단어를 혼용하여 쓰는 사람이 생각보다 많습니다.

한국어를 능숙하게 구사하는 사람이 "그 남자는 작년에 죽은.", "나의 죽다를 적에게 알리지 마라.", "죽음 자는 말이 없다."라고 말하면 상대방은 농담하나 보다 생각하며 웃을 겁니다. 마찬가지입니다. 영어를 능숙하게 구사하는 사람은 결코 die, death, dead를 바꿔 쓰지 않고, 바꿔 쓰는 사람을 보면 어이없다는 반응을 보입니다. 이것이 바로 문법을 배우는 이유입니다. 내 생각과 마음을 정확하게 전달하는 데 문법이 필요합니다.

문법은 기본적으로 실용성에 의의를 두고 있습니다. 앞에서 말한 die(죽다: 동사), death(죽음: 명사), dead(죽은: 형용사)를 구별해서 쓰려면 품사를 구별할 수 있어야 합니다. 네, 맞습니다. 부모 세대가 처음으로 배웠던 문법인 8품사를 말합니다. 물론 품사를 '명사는 이름', '동사는 동작', '형용사는 명사를 꾸며주는 말' 정도로만 배워서 제대로 써먹지 못했지만 말입니다. 각 품사의 정의도 익혀야 하지만 더 중요한 건 활용입니다. 정의만 알아서는 "The man died last year.", "Don't let them know about my death.", "Dead men tell no tales." 같은 문장에서 die, death, dead를 구별하여 쓸 수 없기 때문입니다. 즉, 문법을 배울 때도 설명을 듣고 끝날 것이 아니라 문장에 적용해 보는 연습을 충분히 해야 한다는 말입니다.

한국인이라면 "우리나라 사람은 문법은 잘 아는데 말을 못 하잖아. 문법 공부 하지 말고 진짜 영어를 배워야 해."라는 말을 한 번쯤은 들었을 것입니다. 하지만 원어민에게 한국인들의 영어 실력을 물어보면 의외로 "His grammar is off.(그의 문법이 틀렸어.)"라며 문법을 문제 삼는 경우가 상당히 많습니다. 실제로 발음보다 훨씬 높은 빈도로 문법을 지적합니다. 도대체 어떻게 된 일일까요?

저는 문법 '훈련'이 부족해서라고 여깁니다. 흔히 영어에 대한 '지식'이 있으면 '구사력' 향상으로 직결될 거라 믿습니다. 결코 그렇지 않습니다. 언어에 대한 지식은 그 언어의 구사력과 관련이 있지만 '지식'이 '구사력'으로 이어지려면 '훈련'이라는 과정을 거쳐야 합니다. ◆

한국의 영어 교육은 문법 중심인 게 문제가 아니라 교사가 일방적으로 설명하고 학생이 수동적으로 듣기만 해서 문제입니다. 즉, 학생들이 '지식'만 쌓고 '훈련'을 하지 않는다는 게 문제의 본질입니

◆　• 《Performance and competence in second language acquisition》(Cambridge University Press)
　• Chomsky, N. (1965) Aspects of the theory of syntax. Cambridge, Mass.: MIT Press.

다. 문법 학습에 대한 제 결론은 '설명 중심의 수업은 망한다', '문법 학습은 훈련이 중심이 되어야 한다'입니다.

문법 학습은 훈련이 핵심이다

훈련 중심 문법 학습은 어떻게 이루어질까요? 학습 단계별로 초급 → 중급 → 고급으로 나눠서 설명하겠습니다.

초급자용 문법 학습

문법에 입문할 때 가장 좋은 방법은 영작을 하고 첨삭을 통해 문법 개념을 쌓게 하는 것입니다. 요즘 아이들은 영어를 표현으로 먼저 익히고 배웁니다. 읽기, 말하기, 쓰기를 중심으로 영어를 배우는 아이들에게 첨삭을 통해 문법 개념을 쌓아가게 하면 까다로운 문법 용어를 사용하지 않고도 실질적 문법 능력을 길러줄 수 있어 매우 좋습니다.

이론에서 실제로 넘어가는 것이 아니라 실제에서 이론으로 초점을 이동하는 방법이기에 살아 있는 영어라는 느낌을 가져갈 수 있으며 사실과 동떨어졌다는 거부감을 없앨 수 있습니다. 예를 들어 한국 사람들은 "나는 개를 좋아한다."를 쓰라고 하면 "I like dog."로 쓰는 경우가 많은데, 이 문장을 본 원어민은 "나는 개고기를 좋아한다."로 받아들입니다. 물론 "I love animals. Especially, I like dog."라고 하면 맥락을 파악해서 dog를 개고기가 아니라 개로 이해하겠지만 어쨌든 잘못된 표현이므로 거슬려 합니다. 그럼 어떻게 표현해야 할까요? 네, 맞습니다. "I like dogs."로 써야 합니다.

그런데 왜 "I like dog."는 개고기를 좋아한다는 말이 되고, "I like dogs."는 개를 좋아한다는 말이 될까요? 동물은 셀 수 없는 명사일 때 그 동물의 고기를 뜻하는 물질명사가 됩니다. "I like dog." 처럼 'dog'에 a나 s를 붙이지 않으면 셀 수 없다는 뜻이므로 '개고기'로 받아들입니다. 반대로 "I like dogs."의 'dogs'는 s가 붙어 있으므로 복수를 의미하고, 이는 곧 셀 수 있다는 뜻이므로 '개'가 됩니다. 동물을 셀 수 있는 명사로 취급하면 그 동물은 살아 있는 동물 개체를 가리키는 보통명사가 됩니다. s를 붙였느냐 안 붙였느냐만으로 의미가 완전히 달라진다는 것입니다. 이렇게 실제 예문을 중심으로 배우면 기억에도 오래 남고, 의미가 완전히 달라지는 걸 보고 신기해하며 점점 더 문법의 세계에 관심을 가집니다.

이렇게 s 붙이기를 예문으로 익힌 아이들은 '셀 수 있는 명사'와 '셀 수 없는 명사'의 구분이 따분한 문법이 아니라 영어 학습에 꼭 필요한 것으로 인식하여 더 쉽게 받아들입니다. 글로 쓰고 말하는 기회를 많이 제공하고, 학습자가 반복해서 틀리는 항목을 문법적으로 교정해 준 다음, 해당 문법의 원리에 대해 알려주는 방식이 초급자용 문법 학습입니다.

초급자용 문법 학습은 활용 빈도가 높은 문법을 자연스럽게 익힐 수 있다는 장점이 있지만, 상대적으로 활용 빈도가 낮은 문법은 노출 횟수가 적어 구멍으로 남을 수 있습니다. 자주 쓰는 문법만 익혀도 충분한 초급 단계라면 상관없지만, 깊이 있는 글쓰기나 변별력 높은 시험에 등장하는 문법에 대응하기에는 부족합니다. 중급 단계로 올라선 아이라면 문법 책을 선정하여 체계적으로 배우는 게 좋습니다.

문법 책을 고를 때는 몇 가지를 신경 써야 합니다. 첫째, 품사와 문장성분을 주요하게 다루고 있는지 확인해야 합니다. 품사와 문장성분은 문법에서 가장 중요한 부분이자 기본입니다. 수학으로 따지면 사칙연산과 같은 도구 개념이므로 철저하게 익혀야 합니다. 품사와 문장성분을 다루는 비중은 높으면 높을수록 좋습니다. 둘째, 독학하는 아이라면 해설이 자세한 책을 골라야 합니다. 셋째, 중급자라 해도 책은 쉬울수록 좋습니다. 처음부터 어려운 책으로 공부하면 더 쉽게 포기합니다. 난도가 높은 책을 고르고 한두 달 만에 문법을 끝내겠다는 아이들을 자주 봅니다. 학원들도 방학에는 '30일 문법 마스터' 또는 '60일 문법 끝내기' 같은 강좌를 자주 여는데, 수박 겉핥기가 아니고서는 불가능합니다. 무조건 실패하는 방식이라 도전했다간 패배감과 스트레스만 얻을 뿐입니다. 앞에서 말한 세 가지에 유의해 고르면 시중에 나와 있는 어떤 문법 책을 골라도 상관없습니다. 문법 책만 100종 이상 본 경험자가 하는 말이니 믿어도 좋습니다.

그럼에도 초·중·고등 학생용 문법 책을 한 권씩 고르면 다음과 같습니다. 초등학생에게는 《초등영문법 3800제》(마더텅)를 추천합니다. 딱딱하지 않고 비슷한 패턴이 정리되어 있어 반복 학습을 통해 문법을 습득할 수 있습니다. 1수준부터 8수준까지 있어 필요한 문법 주제를 골라 쓸 수 있습니다. 중학생이라면 《Grammar Inside》(NE능률)를 추천합니다. 초반부에 품사, 문장성분, 구와 절에 대한 기본 개념이 잘 정리되어 있습니다. 1수준부터 3수준까지 나와 있는데 《Grammar Inside level 2》만 여러 번 봐도 중학교 3학년 내신 시험까지는 문제없습니다. 고등학생이라면 다소 지엽적이고 활용 빈도가 낮은 것까지 포함된 《고등 영문법 3300제》(마더텅)를 권합니다. 수준별 구분 없이 딱 한 권으로 정리되어 있어 보기 편합니다.

초·중·고등 학생용 문법 책

중급 수준 아이가 문법 책에 있는 설명을 읽으면 70퍼센트 정도 이해합니다. 30퍼센트 정도는 이해하지 못한 채로 딸린 문제를 풀어냅니다. 괜찮습니다. 문법 설명을 읽고 100퍼센트 이해하면 더 할 나위 없겠지만, 70퍼센트 정도만 이해했더라도 일단 문제를 푸는 게 낫습니다. 100퍼센트 이해하고 넘어가려 하면 학습 속도가 더뎌지고 지루해지기 때문입니다. 문제를 풀면서 부족한 30퍼센트를 채우겠다는 마음으로 진행하는 편이 낫습니다.

문제를 풀고 나면 반드시 오답 정리 과정을 거쳐야 합니다. 문법을 배울 때 가장 중요한 과정입니다. 영어를 어릴 때부터 배워온 아이들은 문법을 따로 배우지 않아도 어느 정도 말을 합니다. 그렇다 보니 충분히 잘한다고 여기며 문법을 게을리합니다. 초등 시기에는 별문제 없습니다. 하지만 본격적으로 문법이 적용되는 중·고등학생이 되면 애를 먹습니다. 더 이상 감에만 의존하기에는 문제와 지문의 난도가 올라가기 때문입니다. 문법 문제도 감으로 푸는 아이일수록 오답 정리를 하게 하면 습관이 빠르게 개선됩니다.

오답 정리는 틀린 문제에 대한 이론적 근거를 정리해서 쓰는 과정입니다. "I wasn't late."라고 써야 하는데 "I didn't late."라고 쓴 경우에 답을 "I wasn't late."로 고치는 것은 오답 정리가 아니라 정답으로 고치기입니다. 이렇게 해서는 상황에 따라 wasn't와 didn't를 구별해서 쓸 수 없습니다. 비슷한 문제가 또 나왔을 때 운이 좋

으면 맞고 운이 나쁘면 틀린다는 말입니다. "I didn't go there."에
서는 didn't를 쓰고 "I wasn't happy."에서는 wasn't를 쓰는 기준이
무엇인지 명확히 알아야 응용할 수 있습니다. 따라서 이런 경우라
면 "wasn't는 이어지는 말에 동사가 없을 때 쓰고, didn't는 이어지
는 말에 동사가 있을 때 쓴다."라고 적는 것이 오답 정리입니다. 물
론 late와 happy는 형용사이고 go는 동사라는 것을 알지 못한다면
이런 정리도 무의미합니다. 그렇기에 품사와 문장성분 정리가 선
행되어야 한다고 말한 것입니다.

B 다음 문장의 밑줄 친 부분을 어법상 알맞은 형태로 고쳐 쓰시오.
1 Thank you for come to my son's first birthday party. Come → to come *(Coming)*
전치사 *이유: 전치사 for 뒤에는 to 부정사를 못 쓰고 동명사(~ing)를 쓴다.*
2 The company's new business is make electric cars. make → to make
3 Foreign workers don't mind to work on the weekend. to work → working
4 Walk up the stairs is impossible for my grandma. Walk → To walk
5 He was the first person to finish solve the puzzle. Solve → Solving

바른 오답 정리

B 다음 괄호 안에 주어진 단어를 알맞은 형태로 빈칸에 쓰시오.
1 I have some info about bees. (information)
2 A spider has eight legs and eight foot feet. (leg, foot) *feet이 맞다*
3 There are many trees and many benches in the park. (tree, bench)
4 She needs two knives and a pair of scissors. (knife, scissors)
5 I saw five sheep and eight monkies in the zoo. (sheep, monkey) *monkeys*

잘못된 오답 정리

중급자가 문법을 학습할 때 가장 중요한 건 '품사와 문장성분 체화하기'이고 그다음이 '문법 용어 익히기'입니다. 품사, 문장성분, 문법 용어는 문법 책을 쓰는 사람이 어떤 문법 주제를 설명할 때 도구로 사용하는 기초 개념입니다. 품사와 문장성분 개념이 체화되어 있지 않으면 아무리 문법 책을 읽고 문법 수업을 들어도 받아들여지지 않습니다. 수학 공부를 할 때 사칙연산도 못하는데 방정식을 풀려고 도전하는 셈입니다.

아이들이 문법 이론을 읽을 때 뜬구름 잡는 소리같이 느끼거나 내용을 무시하고 문법 문제를 자기 방식대로 푼다면 십중팔구 품사와 문장성분이 체화되지 않은 것입니다. 10년 이상 대치동에서 수업을 하면서 알게 된 건 절반 이상의 아이들이 품사와 문장성분의 개념을 제대로 이해하지 못한 채 문법을 배우고 있다는 것입니다. 이렇게 되니 밑 빠진 독에 물 붓기처럼 실력이 제대로 향상되지 않습니다. 그렇다면 품사와 문장성분 훈련은 어떻게 해야 할까요?

처음에는 품사와 문장성분 개념에 대한 설명을 듣거나 읽습니다. 문법 책으로 혼자 익히는 경우라면 딸린 문제도 풀어봅니다. 하지만 이 정도만으로 품사와 문장성분을 체화하기는 어렵습니다. 이때 시도해 볼 수 있는 게 '영자신문 읽기＋품사·문장성분 훈련'입니다. 지금껏 여러 방법을 시도해 봤는데 이 방법이 가장 효과적이었습니다. 단어를 찾아보지 않고도 의미를 어느 정도 파악할 수 있는 영어 기사라면 무엇이든 괜찮지만, 규칙적으로 훈련하려면 영자신문을 이용하는 게 편합니다. 인터넷에서 '어린이 영자신문', '초등 영자신문', '청소년 영자신문' 등으로 검색하면 다양한 영자신문 사이트가 나옵니다. 샘플 기사를 보거나 무료 샘플을 신청해서 기사를 읽어본 다음 수준에 맞는 신문을 구독합니다.

- NE Times(NE능률 영자신문): https://www.netimes.co.kr
- 틴/주니어/키즈/킨더타임즈: http://www.teentimes.org
- EBS English 영자신문: https://www.ebse.co.kr/apps/online/paper.do

영자신문 내용에서 품사와 문장성분을 파악하고 해석한 예

수준에 맞는 신문을 찾았다면 기사를 읽으며 의미를 대략 파악합니다. 다음으로 사용된 모든 단어의 품사와 문장성분을 직접 적어봅니다. 이 과정을 거치면 품사+문장성분 개념에 대한 이해가 얼마나 빈약한지 스스로 알게 되고, 실전에서 사용할 수 있는 개념 지식을 쌓을 수 있습니다. 영자신문을 읽고 품사와 문장성분을 90퍼센트 이상 정확하게 파악할 수 있다면 똑같은 문법 책을 보더라도 전과는 다른 식으로 책을 이해하게 됩니다.

중급자용 문법 학습 4 | **문법 용어 정리하기**

'구'와 '절' 같은 문법 책에서 자주 사용하는 용어의 개념을 정리하면 문법 책을 읽거나 수업을 들을 때 훨씬 수월합니다. 문법 책에서는 일상에서 사용하지 않는 문법 용어를 사용하여 제3의 개념을 설명하는 경우가 많기 때문입니다. 보통 "시간이나 조건의 '부사절'에서는 현재시제가 미래시제를 대신한다."와 같은 설명이 나오고, "When he comes, I will throw him a party.(○) | When he will come(×), I will throw him a party." 같은 예문이 나옵니다. 이때 책 어디를 봐도 '부사절'의 의미가 정의되어 있지 않습니다. 아이들은 '부사절'이 정확히 무엇인지 모른 채로 설명을 외우고 넘어갑니다.

책에는 분명 '부사절'이라는 용어가 명시되어 있지만 머릿속에서는 '부사절'을 무시하고 'when이 있으면 will을 쓰지 못한다'로 바꿰서 정리합니다. 이렇게 외우면 통하는 예문도 있지만 통하지 않는 예문도 생깁니다. "I want to know when he will come. (○)" 같은 문장은 when과 will이 함께 오는 것이 올바른 문장이기 때문입니다. 이 문장에서 'when he will come'은 명사절이라 will이 함께 오는 건데 '부사절'과 '명사절'에 대한 개념을 모르면 대응하기 어려워집니다.

문법 책을 쓴 사람들은 이런 기본적인 문법 용어를 독자들이 당연히 알 거라 여깁니다. 하지만 막상 가르쳐보면 문법 용어의 개념을 제대로 이해한 아이가 드뭅니다. 선생님들조차 용어를 제대로 짚어주지 않는 경우가 많습니다. 일단 문법을 체계적으로 공부하기로 마음먹었다면 수업을 듣든 혼자 공부하든 문법 용어를 정리하고 넘어가야 합니다.

문법 용어 정리는 문법을 학습하기 전에 선행되어야 하는 필수 과정이지만 시중 문법서 중 문법 용어가 정리되어 있고 개념을 습득할 수 있는 훈련이 더해진 책이 드뭅니다. 설마 없겠냐 싶어 한동안 서점에 살며 뒤져본 적이 있는데 '문법 용어 사전' 식으로 용어만 정리된 책은 있지만, 용어를 소화할 수 있도록 훈련이 더해진 책은 보지 못했습니다. 따라서 스스로 이 딱딱한 문법 용어를 찾아보며 익혀야 합니다.

예를 들면, 문법 책에서 '보어'는 '보충하는 말'로 정의되어 있습니다. 조금 애매합니다. 자세한 뜻을 살펴보겠습니다. 네이버 사전에서 찾아보면 "보어: 보충하는 말. 주어와 서술어만으로는 뜻이 완전하지 못한 문장에서, 그 불완전한 곳을 보충하여 뜻을 완전하게 하는 수식어. 국어에서는 '되다', '아니다' 앞에 조사 '이', '가'를 취하여 나타나는 문장성분을 말한다. '철수가 지도자가 되었다'의 '지도자가' 따위이다."라고 나와 있습니다. 대충 감을 잡았다면 문장에서 무엇이 보어인지 찾는 연습을 해야 합니다. 다음과 같이 예문을 보고 보어를 찾을 수 있어야 합니다. 여기서는 밑줄 친 부분이 보어입니다.

- **주격보어(명사): 주어와 같은 명사**

  예 I am Sam. 나는 Sam이다.

- **주격보어(형용사): 동사 뒤에 위치한 형용사로 주어의 상태 설명**

  예 I am happy. 나는 행복하다.

- **목적격보어(명사): 목적어와 같은 명사**

  예 People call me Tom. 사람들은 나를 Tom이라 부른다.

- **목적격보어(형용사): 목적어 뒤에 위치한 형용사로 목적어의 상태 설명**

  예 He made me angry. 그는 나를 화나게 했다.

- **목적격보어(목적어의 행동: to부정사, 원형부정사 = 동사원형, 분사)**

  예 I want you to study hard. 나는 네가 열심히 공부하기를 원한다.

  예 She made me go there. 그녀는 나를 그곳에 가게 했다.

  예 I saw her dancing. 나는 그녀가 춤추는 것을 보았다.

자신이 다른 사람에게 영어로 된 예를 들어가며 설명할 수 있을 정도로 용어를 정리하면 그제야 비로소 책에 사용된 '부사절'이나 '명사절' 같은 딱딱한 용어가 개념으로 다가오고, 문법 책을 쓴 사람이 의도한 대로 책을 이해할 수 있게 됩니다. 이 단계에 이르면 영어 문장의 규칙성이 갖는 경이로운 세계가 눈앞에 펼쳐질 것입니다.

고급자용 문법 학습

영어 문장의 규칙성을 이해했다면 고급 과정으로 넘어갈 수 있습니다. 이 과정은 그간 쌓아 올린 문법 개념을 거침없이 적용하며 확장하여 그동안 의미적으로 이해했던 모든 문장을 문법적으로도 이해하는 단계입니다. 문법 세계관을 완성하는 단계로 볼 수 있습니다. 이 단계에서는 어마어마한 양의 학습이 번개와 같은 속도로 이루어진다는 특징이 있습니다. '전치사'와 '접속사'가 무엇인지 정리하고 '구'와 '절'의 개념을 습득한 아이는 "because는 접속사이고 because of는 전치사이다."라는 설명만 들어도 다음 네 가지 문장 중 맞는 문장과 틀린 문장을 바로 구분할 수 있습니다.

I like him because of his money. (○)

I like him because of he has money. (×)

I like him because his money. (×)

I like him because he has money. (○)

because와 because of는 '~ 때문에'라는 동일한 뜻을 나타냅니다. 의미가 같지만 쓰는 곳이 다른데 그건 오로지 문법적 기준으로 갈립니다. 의미가 같으니 아무 때나 바꿔 써도 될 것 같은데 원어민은 절대 둘을 바꿔 쓰지 않고, 바꿔 쓴 문장을 보면 상당히 거슬려 합니다.

원어민처럼 영어에 오래 노출된 사람이 아니라면 because와 because of를 구별해서 쓰기가 굉장히 어렵습니다. 하지만 "because는 접속사이고 because of는 전치사이다."라는 설명을 이해하면 비영어권 사람도 쉽게 구분해서 쓸 수 있습니다. 이것이 바로 문법 학습의 힘입니다. 여기서 그치지 않고 같은 관계에 있는 though와 despite를 함께 정리할 수 있다면, 힘들이지 않고 바로 다음 문장의 적합성을 판단할 수 있습니다.

I hate him despite his money. (○)
I hate him despite he has money. (×)
I hate him though his money. (×)
I hate him though he has money. (○)

접속사와 전치사, 구와 절이라는 개념만 이해해도 위의 문장들 뿐 아니라 수백~수천 개에 이르는 문장의 적합성을 순식간에 파악할 수 있게 됩니다. 이런 문장을 판별하는 데 들이는 에너지는 다음 접속사와 전치사 목록에 단어 하나를 추가하는 정도입니다.

접속사: because, though + ……

전치사: because of, despite + ……

머릿속에 개념 틀이 형성된 고급 단계의 학습자는 형성된 틀에 단어를 하나씩 추가하는 정도만 시간을 들이면 수백 가지 문장에 적용되는 원리를 파악할 수 있습니다. 중급 단계까지는 읽어서 의미를 아는 문장을 문법적으로 파악하려고 시도하는 과정, 즉 예문 중심의 '실제'에서 '이론'으로 넘어가는 과정이었다면 고급 단계는 그 반대입니다. 습득한 문법 이론을 적용하여 태어나서 한 번도 본 적 없는 문장을 무한히 만들어내는 '무한 파생'의 과정입니다.

이 '무한 파생'의 과정은 실로 경이롭습니다. 우리가 듣거나 읽어 본 문장만 구사할 수 있다면 표현할 수 있는 문장이 매우 제한적이지만, 고급 단계를 거치면 문장을 마음껏 구사할 수 있게 됩니다. 문법 학습을 하는 이유가 고급 단계에서 밝혀지는 셈입니다. 비유하면 초·중급 단계가 열심히 씨를 뿌리고 나무를 심고 키우는 단계라면, 고급 단계는 그렇게 가꾼 나무에서 열매를 수확하는 단계입니다.

고급 단계에 이르면 말하기와 쓰기에서 빛이 발합니다. 문법이라는 골격이 갖춰져 있기에 단어만 안다면 무한에 가까운 문장을 찍어낼 수 있기 때문입니다. 이 단계에서는 생각나는 모든 표현을 영어로 시도해 봐야 합니다. 필요한 단어만 그때그때 찾아가며 자신의 생각을 영어로 정리하고 첨삭하면서 영어가 자신의 일부로 온전히 자리 잡히도록 힘써야 합니다. 가끔 "꿈을 영어로 꾸었어요."라는 말을 듣는데 이 단계에서는 충분히 일어날 수 있는 일입니다. 이 정도 되면 스스로 바이링구얼(bilingual, 이중 언어 사용자)이라는 인식이 생깁니다.

고급 단계에서도 유념해야 할 점이 있습니다. 문법에 맞는 문장을 만들어도 개별적으로 적용되는 용례(usage)에 맞지 않는 문장일 수 있습니다. 따라서 다소 의외성이 있는 어법상 용례를 정리해야 합니다. 고급 단계 학습자 사이에도 실력 차가 있는데, 그 차이는 얼마나 많은 용례를 아느냐로 갈립니다. 따라서 많은 예문을 읽고 들으며 자신이 갖고 있는 문법의 틀에 맞지 않는 용례를 따로 정리하는 과정이 필요합니다. 어법 용례집을 따로 찾아보는 것도 좋습니다.

정리하면 다음과 같습니다. ①문법 초급 단계는 자신이 말하거나 쓰는 문장들에 대한 첨삭을 통해 문법 개념에 눈을 뜨는 단계입니다. ②중급 단계는 자신이 읽어서 의미를 이해할 수 있는 문장들을 문법이라는 세계관으로 인지하는 단계입니다. ③고급 단계는 자신이 습득한 문법 원리를 활용하여 무한에 가까운 문장을 창조

하는 단계입니다.

이 모든 단계를 관통하는 핵심 키워드는 '훈련'입니다. 남이 하는 설명을 강 건너 불구경 하듯이 무비판적으로 듣기만 하는 게 아니라 직접 말하고 쓰고 문제를 풀고 오답을 정리하며 습득하는 것입니다. 내가 배우고 있는 이 개념을 다른 사람에게 예를 들어가며 설명할 수 있는지 스스로에게 끊임없이 물어야 합니다. 이렇게 공부하면 문법은 더 이상 죽은 개념이 아니라 살아 숨 쉬는 실제로 다가올 것입니다.

오답 정리는 메타인지의 시작이다

문법 중급 과정에서 짧게 다룬 오답 정리에 관해 자세히 짚어보겠습니다. "오답 정리는 메타인지의 시작이다." 저희가 운영하는 유튜브에 구독자가 남겨준 댓글입니다. 맞습니다. 최근 메타인지가 자주 언급되면서 중요성이 부각되는데 오답 정리야말로 메타인지를 키우는 가장 쉬운 방법입니다.

"오답 정리는 수학에서 하는 거 아닌가요?", "영어도 오답 정리를 해야 하나요?" 같은 반응을 자주 봅니다. 그만큼 영어 오답 정리가 덜 자리 잡힌 탓입니다. 초등 고학년~고등학생을 대상으로 영어학원을 운영하면서 오답 정리에 대해 알게 된 게 있습니다. 문법을 익힐 때 오답 정리를 제대로 하는지 여부가 아이들의 영어 성장 속도에 큰 영향을 미친다는 사실입니다. 오답 정리를 한 노트를 보면 그 아이의 1년 후 모습이 보일 정도입니다.

이토록 중요한 오답 정리가 무엇이고 이것을 어떻게 해야 하는지 살펴보겠습니다. 먼저, 오답 정리는 무엇일까요? 자신이 틀린 문제와 비슷한 문제를 앞으로 틀리지 않기 위해서 알아야 할 내용을 파악하고 습득하는 것입니다. 수학과 마찬가지로 틀린 문제 옆에 틀린 이유를 쓰는 게 핵심입니다. 실수로 틀린 문제라면 이유를 바로 쓸 수 있습니다. 다만 비슷한 실수를 되풀이하지 않도록 패턴을 정리해 둬야 합니다. 헷갈리거나 몰라서 틀릴 수도 있습니다. 이럴 때는 배운 내용을 들춰보면서 정리해야 합니다. 미심쩍거나 확실치 않을 때는 선생님들에게 물어봐서 정리해야 합니다.

문제를 틀린 이유를 파악하고, 비슷한 문제를 다음에는 틀리지 않기 위해 필요한 것을 분명히 했다면 정리한 내용을 머릿속에 집어넣어야 합니다. 오답 정리를 하는 건 기록으로 남겨두거나 타인에게 보여주기 위함이 아닙니다. 따라서 필기를 깔끔하게 하는 데 신경 쓰기보다 정리한 내용을 머릿속에 집어넣는 데 집중해야 합니다.

예를 들어 "나는 영어를 배우기로 결심했다."는 영어로 "I decided to learn English."입니다. 아이가 답지에 "I decided learn English." 라고 썼다면 어떨까요? ① 이 문장은 "나는 영어를 배운다 결심했다."라고 쓴 셈이므로 틀린 문장입니다. decided(결심했다)와

learn(배우다)은 한 문장에서 나란히 쓸 수 없는 거죠. 이유를 찾았다면 다음에는 동사 두 개를 나란히 쓰지 말아야 한다는 사실을 새깁니다. ②다음으로 올바른 문장인 "I decided to learn English."를 씁니다. 동사 두 개를 나란히 쓰지 않으려면 '배우다'를 '배우기'로 바꿔주는 것이 'to'의 기능이라는 걸 기억해야 합니다. ③'~하기'라는 뜻의 to를 적절하게 사용할 수 있도록 유사 사례를 써둡니다. "나는 너를 다시 보기를 바란다."는 "I hope see you again.(나는 너를 다시 본다 바란다.)"이 아니라 "I hope to see you again."이라고 써두는 식입니다.

이 과정을 문법적으로 정리해 보겠습니다. 원래는 '~하다'의 뜻을 지닌 동사에 to를 붙이면 '~하기'나 '~하는 것'이라는 뜻의 명사로 변하는 것을 알 수 있습니다. 문법 책에서 말하는 to부정사의 명사적 용법입니다. 이 정도로 내용을 정리했다면 오답 정리를 상당히 잘한 것입니다. 마무리 작업으로 틀린 문제 옆에 "동사 두 개 나란히 ✕"라고 쓰거나 "~하기 = to부정사"라고 쓰면 됩니다.

제가 그간 관찰해 본 결과 오답 정리를 하라고 하면 숙련도에 따라 아이들의 반응이 다릅니다. 가장 미숙한 단계에 있는 아이들은 뭘 해야 할지 모르겠다는 반응을 보입니다. 중학생인데도 오답 정리를 한 번도 해본 적이 없거나 지도받아 본 적이 없는 아이가 상당수입니다. 이런 아이라면 부모님이나 선생님이 옆에서 틀린 문제를 함께 정리해 줘야 합니다. 아무런 안내 없이 혼자서 잘할 수 있는 아이는 드물기 때문입니다. 시간이 다소 오래 걸리더라도 아이가 감을 잡을 때까지 같이 오답 정리를 해줘야 합니다.

이 단계의 아이들은 문법 책에 있는 이론을 읽고 나서 바로 문제를 풀게 해도 해당 이론과 문제를 연결 짓지 못합니다. 머릿속에 담아둔 이론은 이론대로 두고, 문제는 그냥 느낌대로 풉니다. 그래서 답이 틀린 이유를 물어보면 전혀 엉뚱한 대답을 합니다. 이때 부모님이나 선생님은 아이에게 앞에서 배운 이론과 이 문제가 어떻게 연결되는지 설명하고 그 이론에 근거하여 정답을 도출하는 과정을 보여줘야 합니다. 가장 먼저 할 일은 이론과 문제를 따로 생각하는 습관을 교정하는 것입니다.

그다음 단계는 오답 정리를 익혔지만 아직 숙련되지 못한 단계입니다. 이 단계에서는 앞서 배운 이론을 확인하며 정확한 근거를 적지는 않지만, 관련성이 다소 낮거나 터무니없는 근거라도 어쨌든 써놓습니다. 터무니없는 내용을 적는 빈도가 높은 경우라면 보여주기식 공부를 하고 있을 가능성이 높습니다. 이럴 때는 엉터리 근거를 하나씩 짚어내면서 정답이 될 수 없다는 걸 보여줘야 합니다. 그런 다음 관련 이론을 책에서 다시 찾아보면서 정리하도록 유도해야 합니다. 가장 미숙한 단계보다는 제대로 하는 데까지 시간이 덜 걸리지만 이 단계 역시 관심과 손길이 많이 필요합니다. 어느 정도 감을 잡은 아이들은 자신이 기억하는 이론을 떠올리고 부족한 부분을 찾아보면서 꽤 괜찮은 오답 정리를 해냅니다. 이 정도라면 주기적으로 오답 정리를 하는지 확인하고, 간혹 틀린 부분만 바로잡아 줘도 괜찮습니다.

숙련 단계에 이르면 부모님이나 선생님은 아이에게 질문을 적극적으로 할 수 있도록 유도하고, 질문에 대한 답과 더불어 응용 내용까지 알려주는 게 좋습니다. 이 정도가 되면 책을 매번 들춰서 확인하지 않고도 잘 정리해 냅니다. 그러니 잘하고 있는지 종종 물어봐 주기만 해도 괜찮습니다. 하지만 이 단계까지 도달하려면 엄청난 관심과 정성이 필요하다는 점을 잊지 마세요.

풀어낸 문제량이 같아도 틀린 문제에 대한 점검이 이루어졌느냐 아니냐에 따라 소화하는 정도가 달라지고 실력 차이가 커집니다. 마음이 급한 아이는 문제를 풀고 채점만 합니다. 누군가 시켜서 푼 문제라면 채점조차 하지 않는 경우도 있습니다. 풀어낸 문제량은 상당한데 그만큼 실력이 따라오지 않는다면 오답 정리를 잘하고 있는지 점검해야 합니다. 실력 향상의 실마리를 찾을 수 있을 것입니다.

독해는 예습이고 문법은 복습이다

학교 또는 학원 수업을 기본으로 하여 영어를 배우고 있다면, 예습할 때는 독해에 집중하고 복습할 때는 문법에 집중하는 게 효과적입니다. 독해 공부를 할 때는 스스로 글을 읽고 문제를 풀면서 고민하는 과정을 거친 후에 설명을 들어야 합니다. 혼자 읽었을 때 막히는 해석이 있는지, 안 풀리는 문제나 이해되지 않는 문제가 있는지 확인해야 하기 때문입니다.

막히고 이해되지 않고 안 풀리는 부분은 설명을 통해 해결하고 정리할 수 있어야 합니다. 그런데 설명을 먼저 들으면 막히는 지점을 파악하지 못한 채 넘어갑니다. 정작 시험을 볼 때 해석이 막히고 문제가 이해되지 않는 이유입니다.

글을 읽고 이해하는 과정은 꽤 신비한 과정이어서 설명으로 배우기가 힘듭니다. 글을 읽고 파악하는 능력은 스스로 터득해야 한다는 말입니다. 따라서 학생은 수업을 듣기 전에 글을 먼저 읽어보고 수업 시간에는 자신이 놓쳤던 것을 채워가는 식으로 공부해야 합니다.

반대로 문법 공부를 할 때는 설명을 먼저 듣는 게 좋습니다. 문법 책을 혼자 읽고도 내용을 이해하는 아이가 있지만, 대다수 아이는 문법 책을 혼자 읽고 이해하지 못합니다. 문법 용어나 이론 설명의 전제가 되는 지식이 머릿속에 없기 때문입니다. 보통 아이라면 강사에게 설명을 들은 다음에 교재를 반복해서 보는 게 효율적입니다. 이론을 읽고, 관련 문제를 풀고, 틀린 것을 점검하며 설명을 다시 떠올려야 합니다.

앞서 말했듯, 문제를 풀 때는 배운 이론을 떠올리며 풀어야 합니다. 상당수 아이가 문법 문제를 풀 때 이론을 무시하고 감으로 풉니다. 숙련자라면 괜찮지만 비숙련자라면 이론에 대입하면서 문제를 하나씩 꼼꼼하게 푸는 습관을 들여야 합니다. 문제를 푼 이후에도 이론에 대입하여 점검하는 식으로 공부해야 합니다.

구문,
따로
익혀야 할까?

독해를 잘하려면 구문부터 잡아야 한다는 말을 자주 듣습니다. 구문이 무엇이기에 이렇게 이야기하는 걸까요? '구문'은 '말의 짜임' 또는 '문장의 구조'를 말합니다. 문장의 구조가 중요한 이유는 단어를 아무리 많이 알아도 문장의 구조를 파악하지 못하면 의미를 제대로 해석할 수 없기 때문입니다.

예를 들어보겠습니다. "The man hated you.(그 남자는 너를 미워했다.)"는 단어 뜻만 알면 의미를 쉽게 파악할 수 있습니다. 반면 "The man who thought that you spoke ill of him in front of people when he was not around hated you because you didn't apologize.(그가 없는 곳에서 네가 사람들에게 그에 대해 안 좋게 말했다고 생각

한 그 남자는 네가 사과를 하지 않았기 때문에 너를 미워했다.)"는 어떤가요? 문장 구조를 파악하지 못하고서는 단어의 뜻을 모두 안다고 해도 의미를 정확히 파악하기 어렵습니다.

우리말은 그나마 조사가 있어서 단어 사이의 관계를 파악하는 게 조금 수월합니다. "그 남자는 너를 미워했다."로 쓰든 "너를 그 남자는 미워했다."로 쓰든 의미가 같습니다. 위치가 아니라 조사에 따라 주어나 목적어 등이 정해지기 때문입니다. 반면 영어에는 조사가 없으므로 단어가 배열되는 순서에 의존하여 구조를 파악해야 합니다. "The man hated you. (그 남자는 너를 미워했다.)"와 "You hated the man. (너는 그 남자를 미워했다.)"은 단어 순서만 바뀌었는데 의미가 완전히 달라집니다. 따라서 영어 학습을 할 때 단어가 배열되는 순서에 대한 이해, 즉 문장 구조에 대한 이해가 없다면 글을 쓰는 것은 물론이고 읽고 이해하는 것조차 힘들어집니다. 문장이 길어지면 구조를 파악하는 일이 더욱 중요해집니다. 이 말은 학년이 올라갈수록 구문 학습이 더 중요해진다는 말입니다.

구문 학습서로 구문 파악하기

구문이란 문장 구조를 의미하고, 문장 구조에 대한 이해 없이는 긴 문장을 이해할 수 없습니다. 따라서 구문을 파악하는 능력은 영어를 익힐 때 매우 중요한 요소입니다. 이렇게 중요한 구문을 어떻게 파악할 수 있을까요? 네 가지 방법을 소개하겠습니다.

가장 대중적인 방법은 구문 학습서로 공부하는 것입니다. 구문 학습서 하면 '천일문' 시리즈가 대표적입니다. 입문→기본→핵심→완성까지 빈출 구문부터 고난도 구문까지 시리즈로 나와 있는데, 1001개 구문을 담은 《천일문 기본 1001 SENTENCES BASIC》(세듀)을 많이 봅니다. 이 책은 문장 구조를 소개하고, 그 구조로 써진 문장을 여러 개 알려줘서 해석 연습을 할 수 있도록 돕습니다. '천일문' 시리즈로 학습할 때는 구조에 대한 이론적 소개를 먼저 보기보다 문장을 먼저 읽고 의미가 파악되지 않는 문장만 이론 소개를 읽는 게 덜 지루합니다. 그런 후에 구조가 비슷한 다른 문장을 읽어보면 해당 구조가 더 잘 그려집니다. 구문 학습서로 공부하면 놓치는 패턴 없이 체계적으로 학습할 수 있어 좋습니다.

대표적인 구문 학습서

문장을 곱씹으며 구문 파악하기

구문 학습서는 체계적으로 구문을 익힐 수 있다는 장점이 있지만, 담긴 문장이 기능성에 초점을 맞추다 보니 다소 딱딱하고 재미가 없습니다. 그래서인지 구문 학습서를 끝까지 봤다는 사람이 드뭅니다. 구문 학습서로 공부하기 어려워하는 아이라면 영어로 된 책이나 글을 읽으면서 의미가 한눈에 들어오지 않는 문장만 발췌하여 곱씹어 보는 식으로 구문을 파악해 보라고 권합니다. 아무래도 관심과 흥미가 있는 글이다 보니 재미있게 접근할 수 있습니다.

글을 읽을 때 의미를 대략 파악하며 읽는 경우가 많습니다. 이렇게 글을 읽으면 구문 파악 능력이 개선되지 않습니다. 책을 읽다가 발췌한 문장은 한 단어도 누락하지 말고 정확하게 해석하는 습관을 들여야 합니다. 그만큼 꼼꼼하게 해석하려 애써야 합니다.

이 방식을 쓸 때 주의해야 할 게 한 가지 있습니다. 일반적인 독서에 이 방식을 적용해서는 곤란하다는 것입니다. 독서는 흐름을 빠르게 따라가며 읽어야 하는데 이 방식으로 읽으면 읽는 속도가 떨어지고 흐름이 끊겨 전체 맥을 파악하기 힘들어집니다. 즉, 구문 파악용 글 읽기와 일반 독해용 책 읽기는 그때그때 방식을 다르게 써야 한다는 말입니다.

상대방과 대화하며 구문 파악하기

읽은 내용에 대하여 다른 사람과 대화하며 구문을 파악할 수도 있습니다. 이 방식이 어떻게 구문 학습에 도움이 되는지 의아할 수 있습니다. 물론 상대가 있어야 하므로 일상적으로 구현하기가 쉽지 않지만 할 수만 있다면 큰 도움이 됩니다.

글을 스스로 읽고 해석하는 훈련이 덜 된 아이들이 많습니다. 이런 아이들을 잘 관찰해 보면 문장 구조를 제대로 파악하지 못해 글의 의미를 정확히 이해하지 못했는데도 문제의식 없이 그냥 읽어 내려갑니다. 이런 경우라면 읽은 내용에 대해 다른 사람과 이야기를 주고받게 하는 게 도움이 됩니다. 상대방이 던진 질문에 답하는 과정에서 자신이 읽은 글의 의미를 다시 한 번 생각해 볼 기회를 얻기 때문입니다. 더불어 상대방이 글을 파악한 방법을 참고하여 자신의 부족한 부분을 채워갈 수도 있습니다. 적극적이고 활동적인 성향의 아이라면 잘 맞는 방식으로, 공부에 활력을 불어넣을 수 있습니다.

글을 써보면서 구문 파악하기

직접 문장을 써보면 문장 구조가 이전보다 훨씬 잘 보입니다. 긴 문장을 익힌 다음 보지 않고 암기해서 써보는 방식도 좋지만, 평소에 생각한 것과 말한 것을 영어로 써보는 것이 훨씬 더 좋습니다. 자신의 생각과 감정을 표현하는 수단으로 영어에 접근하는 것이라 재미도 있거니와 기억에도 잘 남습니다. 다양하게 적용하고 활용하다 보면 어느새 문장 구조가 체화됩니다. 처음에는 누구나 단순한 구조로 문장을 만들어 쓰지만, 시간이 흐르면 자연스럽게 할 말이 많아지면서 복잡한 문장도 적용하는 것을 봅니다. 복잡한 문장을 쓸 때 기본이 되는 게 문장 구조입니다. 문장 구조를 이렇게 저렇게 적용하다 보면 구조가 복잡한 문장도 어느새 매끄럽게 쓸 수 있게 됩니다.

주변에 영어를 잘하는 조력자가 있다면 더 효과적인 방식입니다. 표현이 막히거나 서툴거나 복잡할 때 즉시 도움을 구할 수 있기 때문입니다. 조력자가 주변에 없다 해도 괜찮습니다. 인터넷에서 검색하면 궁금한 답을 어렵지 않게 찾을 수 있습니다. 스스로 답을 찾아나가는 방식이라 더 오래, 더 정확하게 기억에 남습니다.

 반복의 힘

영어를 배우는 방법은 크게 두 가지로 나눌 수 있습니다. 상황에 몰입하여 맥락을 이해하며 자연스럽게 습득하는 방식과 공부하듯 의식적으로 반복하여 익히는 방식입니다. 상황에 몰입하여 영어를 익히면 공부하듯 익히는 것보다 재미있습니다. 뇌는 재미를 강한 자극으로 받아들여 더 중요하게 인식합니다. 굳이 반복하지 않아도 더 잘 기억하는 이유입니다. 하지만 한국인은 상황에 몰입하여 영어를 익히기가 쉽지 않습니다. 그래서 공부하듯 의식적으로 익히는 방식을 사용하는데, 이런 방식은 뇌에 강한 자극을 주지 못합니다. 따라서 자극을 반복하여 강하게 인식시켜야 합니다.

어휘에 적용해 보겠습니다. 똑같은 단어라도 책을 읽거나 수업을 들으면서 익힌 단어는 특정한 상황이나 앞뒤 맥락과 연결되기 때문에 더 오래 기억합니다. 뇌가 강한 자극으로 인식해 장기 기억으로 넘기기 때문입니다. 반면 어휘집을 보며 외운 단어는 며칠만 지나도 금방 잊혀집니다. 맥락 없이 익힌 단어는 뇌가 약한 자극으로 받아들여 장기 기억으로 넘기지 않기 때문입니다. 하지만 이마저도 시차를 두고 반복하면 뇌는 중요하다고 인식하여 장기 기억으로 넘깁니다. 단어를 외울 때 시차를 두고 반복해서 외우라고 하는 이유입니다.

문법이나 구문도 마찬가지입니다. 국어 문법은 한 번만 제대로 짚어주면 빠르게 익히고 새롭게 적용할 수 있습니다. 정확히 몰랐을 뿐 이미 한국어 문법 체계에서 충분히 살아왔기 때문입니다. 반면 영어 문법은 여러 번 짚어줘도 이해하는 게 쉽지 않습니다. 영어 문법 체계는 낯선 체계이기 때문입니다. 이해하기도 어렵거니와 이해했어도 체화하지 못해 금방 잊어버려 적용하기는 더 어렵습니다. 이럴 때 할 일이 반복 훈련입니다.

처음 문법 이론을 익힐 때는 전형적인 예문을 함께 살펴보면서 이론이 어떻게 적용되는지 꼼꼼하게 살펴봐야 합니다. 그리고 이해한 이론과 예문도 기억에서 사라지기 전에 반복해서 익혀야 합니다. 반복할 때마다 개념이 조금씩 선명해지는 것을 느끼게 됩니다. 여러 차례 반복하다 보면 문법 개념이나 구문을 누군가에게 예를 들어 설명하거나 백지에 써낼 수 있을 정도에 이릅니다. 이때부터는 해당 이론이 적용된 또 다른 예문을 추가로 쓸 수 있어야 합니다. 이렇게 예문을 더하고 문제를 풀면서 개념을 체화해야 문법이나 구문 이론을 활용할 수 있습니다.

다른 영역도 마찬가지입니다. 반복하면서 깊이를 더해 영어를 내 것으로 체화해야 합니다. 말하기와 쓰기 역시 반복이 생명입니다. 우리말을 쓸 때를 떠올려보면 생각과 거의 동시에 표현을 합니다. 때로는 생각보다 말이 먼저 나간다고 여겨질 때도 있습니다. 이 정도가 되려면 같은 문장을 100번 이상 말해야 합니다. 보통 사람들이 생각하는 것보다 훨씬 더 많이 반복해야 체득되고 활용할 수 있습니다. 계획적인 반복을 통해 흔들리지 않는 탄탄한 영어 실력을 갖추길 바랍니다.

독해,
일단 많이
읽으면 될까?

최상위권 아이는 책을 읽는다

어떤 아이가 영어를 잘할까요? 제 경험에 따르면 멋모를 때 영어를 많이 접하고 좋은 습관이 잡힌 아이가 잘합니다. 적어도 성인이 되기 전까지는 그렇습니다. 대치동 고등학생 중에서 영어 내신 시험과 수능을 둘 다 잘 보는 아이들을 가만 들여다보면 초등학교 때부터 영어를 열심히 하지 않은 아이가 없습니다. 부모의 영향을 많이 받는 초등 시기가 대세를 좌우하는 것이지요.

초등 시기의 다독 습관

영어를 잘하는 아이들은 영어 책을 적어도 100권 이상 읽었으며 읽는 속도가 빠르다는 특징이 있습니다. 이 독서량은 대부분 초등 시기에 채운 것들입니다. 중학생이 되면 관심사가 다양해져 책과 멀어지고, 학교 수업이 늦게 끝나 초등 시기만큼 여유 있게 책을 읽어내지 못하기 때문입니다. 물론 중학생도 의지만 있다면 독서 시간을 확보할 수 있습니다. 늦었다고 포기하지 말고 지금이라도 시작하면 나아갈 수 있습니다. 학기 중에는 슬슬 하다가 방학 때 집중적으로 시간을 내면 괜찮습니다.

독서량이 충분치 않은 상태에서는 어떤 공부도 속도를 내지 못합니다. 문법과 독해는 물론 말하기와 글쓰기에도 어느 순간 정체가 생깁니다. 시험 점수도 마찬가지입니다. 독서량이 충분한 아이들은 어떨까요? 초등 고학년 아이를 대상으로 별다른 준비를 시키지 않고 시험 문제 유형만 몇 번 가볍게 짚어준 다음, 고1 모의고사를 보게 한 적이 있는데 이 아이들은 하나같이 1등급을 받았습니다.

독서량이 충분한 아이들은 글을 쓰라고 해도 어렵지 않게 많이 써냅니다. 틀린 문법이 보이기도 하지만 어쨌든 의미가 전달되게는 씁니다. 단어를 외우게 하고 독해 문제집을 풀도록 훈련시키면 중학교 2·3학년 무렵에는 토플이든 텝스든 모의고사든 어떤 유형을 가져와도 곧잘 풀어냅니다. 어휘, 문법, 구문, 말하기, 글쓰기 전 영역에서 눈에 띄게 성장하는 아이 역시 90퍼센트 이상이 책을 많이 읽은 경우였습니다.

당연합니다. 책을 읽으면 어휘력이 좋아지고 글에 대한 이해도 및 타인의 의도를 파악하는 능력이 좋아지기에 어떤 과목의 설명이든 더 잘 이해할 수 있습니다. 여기에 집중력과 참을성까지 기를 수 있으니 이보다 좋을 수 없습니다.

한글 책 독서와 영어 책 독서

영어 책 독서량이 많을수록 영어를 잘할 확률이 높습니다. 그렇다면 한글 책 독서량과 영어 실력은 비례할까요? 네, 한글 책 독서량이 많으면 영어를 배우는 데 훨씬 유리합니다. 수능 영어 정도의 깊이 있는 글을 이해하려면 기본적으로 문해력이 받쳐줘야 합니다. 2023학년도 수능 영어 34번 문제를 살펴보겠습니다.

34. 다음 빈칸에 들어갈 말로 가장 적절한 것을 고르시오.

We understand that the segregation of our consciousness into present, past, and future is both a fiction and an oddly self-referential framework; your present was part of your mother's future, and your children's past will be in part your present. Nothing is generally wrong with structuring our consciousness of time in this conventional manner, and it often works well enough. In the case of climate change, however, the sharp division of time into past, present, and future has been desperately misleading and has, most importantly, hidden from view the extent of the responsibility of those of us alive now. The narrowing of our consciousness of time smooths the way to divorcing ourselves from responsibility for developments in the past and the future with which our lives are in fact deeply intertwined. In the climate case, it is not that _____. It is that the realities are obscured from view by the partitioning of time, and so questions of responsibility toward the past and future do not arise naturally.

① all our efforts prove to be effective and are thus encouraged
② sufficient scientific evidence has been provided to us
③ future concerns are more urgent than present needs
④ our ancestors maintained a different frame of time
⑤ we face the facts but then deny our responsibility

보통 다음 쪽과 같이 해석할 것입니다. 하지만 문해력이 낮은 아이들은 정확히 해석했다 하더라도 지문에서 말하고자 하는 내용을 제대로 파악하지 못합니다. 당연히 답을 맞히기도 어렵습니다. 이런 아이들은 한글 해석본을 주고 문제를 풀어보라고 해도 답을 고르지 못합니다.

해석 | 우리는 우리의 의식을 현재, 과거, 미래로 분리하는 것이 허구이며 또한 이상하게도 자기 지시적인 틀이라는 것을 이해하는데, 여러분의 현재는 여러분 어머니 미래의 일부였고 여러분 자녀의 과거는 여러분 현재의 일부일 것이라는 것이다. 시간에 대한 우리의 의식을 이러한 전통적인 방식으로 구조화하는 것에는 일반적으로 잘못된 것이 전혀 없으며 그것은 흔히 충분히 효과적이다. 그러나 기후 변화의 경우, 시간을 과거, 현재, 미래로 분명하게 구분하는 것은 심하게 (사실을) 오도해왔으며 가장 중요하게는 지금 살아 있는 우리들의 책임 범위를 시야로부터 숨겨왔다. 시간에 대한 우리의 의식을 좁히는 것은 사실 우리의 삶이 깊이 뒤얽혀 있는 과거와 미래의 발전에 대한 책임으로부터 우리를 단절시키는 길을 닦는다. 기후의 경우, _____ _____ 것이 문제가 아니다. 문제는 시간을 나눔으로써 현실이 시야로부터 흐릿해지고 그래서 과거와 미래의 책임에 관한 질문이 자연스럽게 생겨나지 않는 것이다.

① 우리의 모든 노력이 효과적으로 밝혀지고 따라서 장려되는
② 충분한 과학적인 증거가 우리에게 제공되어온
③ 미래의 우려가 현재의 필요보다 더욱 긴급한
④ 우리의 조상들이 다른 시간적 틀을 유지한
⑤ 우리가 사실을 직면하면서도 우리의 책임을 부인하는 [정답]

반면 한글 책을 많이 읽은 아이들은 모르는 단어가 나와도 앞뒤 맥락을 고려해 해석해 내고, 설사 해석하지 못한 문장이 있더라도 정답을 잘 골라냅니다. 문법을 배울 때도 설명을 훨씬 잘 이해하고

성장 속도도 빠릅니다. 또한 문장 구조를 정확하게 인지하고 있고 품사 개념이 잡혀 있어서 영어 문법도 훨씬 잘 이해합니다. 한글 책 독서와 영어 책 독서를 병행해야 하는 이유입니다.

고등학교 입학 전 영어책 100권 읽기

글을 빠르고 정확하게 읽으려면 평소에 집중해서 많이 읽어버릇 해야 합니다. 요행은 통하지 않습니다. 다독 경험 없이는 속도와 정확성을 동시에 얻을 수 없습니다. 초등학교 고학년 시기부터 중학생 때까지 충분히 읽고 집중해서 읽어야 하는 이유입니다. 고등학생이 돼서 시작하면 늦습니다. 당장 시험이 코앞이고 앞서가는 아이들이 눈에 밟히니 여유롭게 책을 읽어내지 못합니다. 조급한 마음에 성적을 빠르게 올려준다는 수업을 기웃거리지만, 아무리 훌륭한 수업도 글을 빠르고 정확하게 읽어내는 경험을 이길 순 없습니다. 아무리 애를 써도 최상위권으로 올라설 수 없는 이유입니다.

실제로 대치동에서 최상위권을 차지하는 아이들은 고등학교 입학 전까지 한글 책과 영어 원서를 많이 읽은 아이들입니다. 고등학교 입학 전에 얼마나 읽어야 할까요? 제가 경험한 바에 따르면 100권입니다. 물론 수능 1등급 정도에 만족한다면 조금 덜 읽어도 됩니다. 하지만 최상위권을 노린다면 최소 100권은 읽어야 합니다. 이렇게 말하면 원서만 생각하는데 꼭 책이 아니라도 괜찮습니다.

100권 분량의 글이라면 무엇이든 좋습니다.

　독해는 참으로 정직합니다. 어휘, 문법, 구문이 뒷받침되어야 하지만 이것만 가지고는 힘듭니다. 충분히 읽어버릇해야 속도와 정확도를 올릴 수 있습니다. 최소 시간을 들여 최대 효과를 누릴 수 있는 방법은 세상 어디에도 없습니다. 초등학생이나 중학생이라면 쉬운 방법을 찾아 헤맬 게 아니라 그 시간에 어떻게 하면 100권을 읽을 수 있을지 계획해야 합니다. 책의 주제나 내용은 중요하지 않습니다. 문학이든 비문학이든, 인문서든 경제서든 과학서든 재미있게 읽을 수 있는 책이라면 무엇이든 좋습니다. 단 책을 읽을 때는 쪽당 머무르는 시간을 2분 이내◆로 제한해야 쭉쭉 읽을 수 있습니다. 다독은 독서 흐름이 끊기지 않는 게 핵심입니다.

　이렇게 읽으면 시간이 얼마나 걸릴까요? 100쪽 분량의 책 100권을 쪽당 2분씩 읽으면(100쪽×100권×2분) 총 20,000분으로 약 333시간이 걸립니다. 하루에 6시간씩 책을 읽는다고 가정하면 56일이 걸립니다. 언제부터인지 겨울방학이 두 달인 학교가 많아졌습니

◆　독해 문제집을 풀 때는 한 문장 한 문장 분석하듯 정확하게 해석해야 하지만, 책을 읽을 때는 리듬감과 속도감을 살려 쭉쭉 읽어나가야 합니다. 전체 내용 중 유난히 까다로운 부분이 아니라면 쪽당 2분을 넘기지 않아야 합니다. 2분을 넘기는 책이라면 내 수준을 벗어난 책일 가능성이 높습니다. 이때는 책 수준을 낮추길 권합니다. 내 수준보다 높은 책을 읽으면 모르는 어휘와 표현이 많아 자꾸 사전을 펼쳐야 합니다. 펼치는 횟수만큼 리듬이 끊겨 흥미가 떨어집니다. 흥미가 떨어지면 책 읽기를 포기할 가능성이 높아집니다. 쪽당 2분 이내로 읽으며 100쪽 이상 되는 책을 한 권이라도 읽어보면 이렇게 읽는 것의 효과가 어떤 것인지 감을 잡을 수 있습니다.

다. 원서 100권을 도전해 보기에 더없이 좋은 시간입니다. 한번 해보고 싶지 않나요? 이렇게 딱 두 달만 독서를 하면 완전히 다른 사람으로 바뀔 것입니다. 중학교 입학 전에 시도하면 가장 좋고, 늦더라도 고등학교 입학 전에는 꼭 도전해 보기 바랍니다.

이야기책 추천

100권 읽기에 도전하려고 하는데 어떤 책으로 시작해야 할지 모르겠다는 분이 많습니다. 초등학생이라면 메리 폽 어즈번이 쓴 'Magic Tree House'(Random House Children's Books) 시리즈를 추천합니다. 문장이 간결하고 명확한 데다 이야기도 흥미진진해 아이들이 좋아합니다. 이야기를 따라가면서 자연스럽게 역사와 문화 상식까지 쌓을 수 있습니다. 현재까지 'Magic Tree House' 시리즈는 37권, 'Merlin Missions' 시리즈는 27권이 출간되었고 특별판까지 더하면 70여 권에 달합니다. 'Merlin Missions' 시리즈는 난도가 조금 높지만 'Magic Tree House' 시리즈는 챕터북을 처음 접하는 초등학생이 읽기에도 적합합니다.

원서 읽기가 익숙한 초등학생이라면 레모니 스니켓이 쓴 'A Series of Unfortunate Events'(Egmont) 시리즈도 추천합니다. 총 13권으로 출간되었는데 권수가 올라갈수록 두께도 두꺼워지고 난도가 높아집니다. 쪽수와 렉사일 지수가 1권은 176쪽에 1010으로 가볍고 낮은 데 비해 13권은 368쪽에 1370으로 꽤 무겁고 높습니다.

하지만 캐릭터와 이야기 패턴이 반복되므로 여기에 익숙해진 아이들은 어려움 없이 이해하는 신비한 책입니다.

두 시리즈 모두 오디오북으로도 출간되어 있으니 병행해서 듣기에 좋습니다. 더불어 'Magic Tree House' 시리즈는 '마법의 시간여행' 시리즈로 한국어판이 나와 있으니 참고하기 바랍니다('A Series of Unfortunate Events' 시리즈는 '레모니 스니켓의 위험한 대결' 시리즈로 한국어판이 나왔지만 대부분 절판되었습니다).

초등학생에게 추천하는 이야기책 시리즈

중학생이라면 린다 멀랠리 헌트의 《Fish in a tree》(Puffin), 루이스 새커의 《Holes》(Random House), 스콧 피츠제럴드의 《the Great Gatsby》(Oxford Bookworms), 로이스 라우리의 《the Giver》(Houghton Miffin Harcourt), 마커스 주삭의 《the Book Thief》(Alfred A. Knopf), 킴벌리 브루베이커 브래들리의 《The War That Saved My Life》

(Puffin), 대니얼 키스의 《Flowers for Algernon》(Harcourt) 등을 추천합니다.

《Fish in a tree》는 '물고기를 나무에 오르는 능력으로 평가하면, 물고기는 평생 자신이 부족하다고 믿으며 살아간다'는 메시지를 담은 책입니다. 아이들은 '글자를 읽는 게 어렵고 힘든 엘리'를 보면서 '나만 언어가 힘든 게 아니구나!'라며 동질감을 얻습니다. 동시에 도전을 통해 어려움을 이겨나가는 엘리와 곁에서 도움을 주는 다니엘 선생님을 보면서 희망을 얻기도 합니다. 렉사일 지수가 550 정도라 수월하게 읽을 수 있습니다.

《Holes》는 야구선수의 운동화를 훔쳤다는 누명을 쓴 주인공이 청소년교화캠프로 들어가 매일 구덩이를 파면서 벌어지는 해프닝을 담은 책입니다. 문장이 간결하고 내용이 흥미로워 중학생 아이도 재미있게 읽는 책으로 꼽힙니다. 개성 넘치는 인물들과 몇 갈래로 나뉜 이야기가 마법처럼 하나로 엮어지는 구성이 그야말로 압권입니다. 렉사일 지수가 660이지만 여러 갈래로 나뉜 구성 탓에 무슨 이야기인지 받아들이지 못하는 아이도 꽤 됩니다. 어느 정도 영어를 잘하는 아이들에게 권하는 게 좋습니다.

《the Great Gatsby》는 필독서로 꼽힐 만큼 자주 인용되는 책이라 읽어보길 권합니다. 다만 중학생이라면 Oxford Bookworms에서 출간된 청소년용이 좋습니다. 렉사일 지수가 820이고, 두께가 얇으며, 그림이 수록되어 있어 편하게 읽을 수 있기 때문입니다.

풍요로웠던 1920년대에 미국의 황폐한 이면을 개츠비와 데이지의 사랑과 야망과 집착으로 풀어낸 책입니다. 예리한 심리 묘사와 풍부한 시적 표현으로 사회 문제를 통찰력 있게 풀어낸 수작이라 중학생이 읽기에도 좋습니다.

《the Giver》는 모두가 잃어버린 감정을 찾기 위해 나서는 열두 살 소년의 이야기를 담은 책입니다. 렉사일 지수는 760이라 중학생 아이도 어렵지 않게 읽어내지만, 철학적 메시지를 담고 있어 제대로 깊게 읽어내는 아이는 드문 책으로 유명합니다. 학원에서는 독서 수준이 높은 중학교 2학년생에게도 추천하지만 보통은 중학교 3학년 또는 고등학생 정도라야 제대로 읽어냅니다. 《기억 전달자》라는 이름으로 한국어판도 출간되었는데 굉장히 많이 팔리는 책입니다. 그만큼 이야기 구성이 탄탄하고 재미있으면서 깊이가 있습니다.

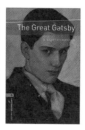

중학생 이상에게 추천하는 이야기책

나머지 《The War That Saved My Life》, 《the Book Thief》, 《Flowers for Algernon》에 대해서는 오른쪽 QR코드로 연결되는 영상에 추천하는 이유를 설명해 두었으니 참고하기 바랍니다. 모두 학원에서 초등학교 고학년, 중학생 아이들과 함께 읽었던 책 중에서 고른 책들입니다.

이야기책 추천 영상

철학 책 추천

처음 책 읽기에 도전할 때는 이야기책이 좋지만 읽기 속도가 붙고 독해에 익숙해지면 비문학 책으로 영역을 넓혀보길 권합니다. 시험에 비문학 지문이 많이 나오는 데다 앞으로 공부를 해나가는 동안에도 비문학 지문이 유용하기 때문입니다. 비문학 도서 중에서는 생각할 거리를 제공하여 사고의 폭을 넓힐 수 있도록 돕는 철학 책이나 역사책 같은 인문학 서적을 먼저 권합니다.

그런데 인문학 원서는 언제부터 읽으면 좋을까요? 아이마다 다르지만 보통 초등학교 6학년 때부터 시작하는 게 적당합니다. 그 전에도 책을 읽고 이해할 수는 있지만, 읽은 내용을 토대로 글쓰기 훈련으로 넘어가는 데는 한계가 있기 때문입니다. 초등학교 6학년 이전까지는 이야기책으로 읽기 수준을 높여가는 게 오히려 낫습니다.

철학 책을 처음 읽는 아이라면 미나 레이시가 쓴 《Philosophy For Beginners》를 추천합니다. 복잡하고 어려운 철학 용어를 아이들이 쉽게 받아들일 수 있도록 풀어낸 책입니다. 담긴 내용은 생소해도 어휘 수준이 높지 않고 그림이 곁들여 있어 초등학교 6학년 아이들도 거부감 없이 받아들입니다. 하지만 쉬운 용어를 사용했다고 해서 담긴 내용까지 쉬운 건 아닙니다. 읽어나가면서 문장에 담긴 의미를 다시금 생각해야 할 때가 종종 있습니다. 우리가 철학책을 읽어야 하는 이유입니다.

《Philosophy For Beginners》 표지와 본문

철학책을 고를 때는 단어 수준이나 렉사일 지수를 따지기보다 무조건 쉬운 책으로 고르고 흥미를 잃지 않도록 유도해야 합니다. 책을 읽고 이야기를 하고 글쓰기까지 나아갈 수 있다면 수준은 중요하지 않습니다. 《Philosophy For Beginners》는 비문학 독서를 시작하는 중·고등학생에게도 추천하는 책입니다. 이 책을 어렵지 않게 읽어냈다면 주제를 확장해도 좋습니다. 'For Beginners' 시리

즈는 아동용 워크북을 전문으로 내는 어스본 출판사에서 나오므로 돈, 법, 심리학 등 다양한 주제로 넓혀나갈 수 있습니다.

'For Beginners' 인문 시리즈

다음으로 스티븐 로가 쓴 《The Complete Philosophy Files》를 권합니다. 이 책에서는 '헤겔의 변증법'과 같은 철학 용어 대신 '우

《The Complete Philosophy Files》 표지와 본문

리가 아는 것이 무엇인가'와 같은 일상용어로 내용을 풀어놓았습니다. 총 15개 장으로 각 장마다 생각할 거리를 하나씩 등장시켜 풀어나갑니다. 저는 학원에서 아이들에게 책을 읽게 한 다음에 자신의 생각을 글로 써보게 합니다. 쓴 글에 대해 함께 이야기 나누는 동안 영어와 철학의 본질에 다가갈 수 있도록 돕는 책입니다.

다음으로 보 서가 쓴 《Good Arguments: How Debate Teaches Us to Listen and Be Heard》를 권합니다. 이 책의 한국어 번역본인 《디베이터》도 출간되었는데, 저자명은 보 서의 한국 이름인 서보현으로 되어 있습니다. 저자는 한국에서 나고 자랐으며 열 살에 호주로 건너갔습니다. 이후 토론대회 세계 챔피언이 되었고 지금은 토론 코치이자 작가로 살고 있습니다. 이 책에서는 철학에서 요구하는 언어와 논리를 배울 수 있습니다. 용어도 어렵지 않은 데다 저자가 살아온 이야기가 담겨 있어 쉽게 읽을 수 있습니다. 본격적인 철학서로 넘어가기 전에 가볍게 읽어보기에 좋습니다.

마지막으로 윌 듀란트가 쓴 《The Story of Philosophy: The Lives and Opinions of the Greater Philosophers》를 권합니다. 철학 기본서의 끝판왕으로 글자 크기도 작은데 432쪽이나 됩니다. 당연히 배경지식 없이 바로 읽기에는 무리가 있습니다. 고등학생 또는 성인이 되어 읽으면 좋습니다. 이 책을 무리 없이 읽어낸다면 철학에서도 선호하는 주제가 생겨납니다. 그다음엔 그 주제를 쫓아가면서 읽으면 됩니다.

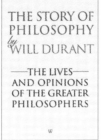

철학 책 추천 영상

《Good Arguments》와《The Story of Philosophy》

역사책 추천

역사책도 마찬가지입니다. 유명한 역사책이라고 해서 바로 들어가면 곤란합니다. 무조건 어렵지 않게 읽을 수 있는 책으로 시작해야 합니다. 저는《The Cartoon History of the Universe》와 같은 만화로 된 책도 추천합니다. 물론 아무리 그림이 많다고 해도 350쪽이 넘는 데다 단어 수준이 높고 내용도 만만치 않아 초등학교 고학년은 되어야 읽을 만합니다. 그 정도 되어야 한두 단어를 몰라도 그림을 보며 대충 이해하고 끊김 없이 읽어나갈 수 있습니다. 이 책은 빅뱅 시대부터 르네상스 시대까지 총 3권으로 구성되어 있으며, 세계사의 주된 흐름과 함께 매우 세부적인 내용까지 담고 있어 더욱 흥미롭게 읽을 수 있습니다. 'The Cartoon History of the' 시리즈에는《The Cartoon History of the Universe》3권을 비롯해 대항해시대부터 미국독립혁명까지 다룬《The Cartoon History of the Modern World》2권과 미국 역사의 핵심 사건을 다룬《The Cartoon History of the United States》가 더 있습니다. 이 책들을 수업 교재로 써본 적이 있는데 아이들도 꽤 흥미로워했습니다. 역사뿐 아니라 통계, 미적분, 물리학, 화학 등 수과학 분야는 'The Cartoon Guide to' 시리즈로 출간되고 있으니 참고하기 바랍니다.

《The Cartoon History of the Universe》표지와 본문

다음으로《Everything You Need to Ace World History in One Big Fat Notebook》을 권합니다. 미국의 중학교 교과과정에 담긴 내용을 노트 형식으로 펼쳐서 소개한 책입니다. 핵심적인 내용이 한 권에 담겨 있어 빠르게 읽어나가기는 어렵지만, 노트 형식이라 그런지 아이들은 더 쉽게 읽고 받아들입니다. 읽은 내용을 토대로 글쓰기로 나아가게 하기에도 좋은 책입니다.

'Everything You Need to Ace ○○○ in One Big Fat Notebook' 시리즈에는 역사 이외에도 과학, 컴퓨터과학&코딩, 수학, 영어, 미국 역사를 다룬 책도 있습니다. 미국 고등학교 교과과정을 담은 대수, 기하, 생물, 화학 등의 책도 있으므로 수학과 과학 분야로 영역을 확장하기에도 좋은 시리즈입니다.

《Everything You Need to Ace World History in One Big Fat Notebook》표지와 본문

다음으로 수잔 와이즈 바우어가 쓴 《The Story of the World: History for the Classical Child》를 권합니다. 총 4권으로 고대부터 중세, 근대 초기, 근대까지 정리되어 있습니다. 아이들이 혼자서 역사에 쉽게 접근할 수 있도록 돕는 책입니다. 작가가 홈스쿨링을 해왔던 사람이라, 활동지나 시험지 등 다양한 자료를 넣어서 구성했기 때문에 부모와 아이가 함께 보기에도 좋습니다.

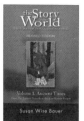
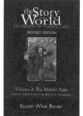
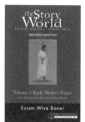

《The Story of the World: History for the Classical Child》 시대별 4종

다음으로 하워드 진이 쓴 《A Young People's History of the United States》입니다. 《A People's History of the United States》를 쉽게 풀어낸 책으로 소수자 입장에서 역사를 바라볼 수 있도록 돕습니다. 역사적 사건을 누가 보느냐에 따라 다르게 해석할 수 있다는 점을 익힐 수 있어 흥미롭습니다. 마지막으로 《총, 균, 쇠》로 번역·출간된 《Guns, Germs, and Steel》입니다. 이 책을 어느 정도 이해할 수 있다면 웬만한 역사책은 다 읽을 수 있습니다.

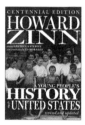
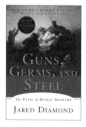

역사책 추천 영상

《A Young People's History of the United States》와
《Guns, Germs, and Steel》

[분야별 비문학 추천서]

이외에도 인류학·심리학·영어·과학 원서를 추천하면 다음과 같습니다. 책에 대한 자세한 내용은 영상을 참고하기 바랍니다.

인류학 원서

- Unstoppable Us, Volume 1, 2(Yuval Noah Harari 지음, Ricard Zaplana Ruiz 그림, Bright Matter Books 출판, Volume 2는 2024년 출간 예정)
- Sapiens: A Graphic History, Volume 1, 2 (Yuval Noah Harari 지음, Harper Perennial 출판)
- The WEIRDest People in the World (Joseph Henrich 지음, Picador Paper 출판)
- Humankind: A Hopeful History (Rutger Bregman 지음, Little, Brown and Company 출판)
- Sapiens: A Brief History of Humankind (Yuval Harari 지음, Harper Perennial 출판)

심리학 원서

- Sway: The Irresistible Pull of Irrational Behavior (Ori Brafman, Rom Brafman 지음, Broadway Books 출판)
- Grit: The Power of Passion and Perseverance (Angela Duckworth 지음, Scribner 출판)
- Brain Rules: 12 Principles for Surviving and Thriving at Work, Home, and School (John Medina 지음, Pear Press 출판)
- The Black Swan: The Impact of the Highly Improbable (Nassim Nicholas Taleb 지음, Random House 출판)
- Thinking, Fast and Slow (Daniel Kahneman 지음, Farrar, Straus and Giroux 출판)

영어 원서

- The History of the English Language: Level 4 (Brigit Viney 지음, Oxford University Press 출판)
- Everything You Need to Ace English Language Arts in One Big Fat Notebook (Workman Publishing 지음, Workman Publishing Company 출판)
- The Elements of Style (William Strunk Jr., E. B. White 지음, Independently published 출판)
- On Writing Well: The Classic Guide to Writing Nonfiction (William Zinsser 지음, Harper Perennial 출판)

과학 원서

- Everything You Need to Ace Science in One Big Fat Notebook (Workman Publishing 지음, Workman Publishing Company 출판)
- A Really Short History of Nearly Everything (Bill Bryson 지음, Puffin 출판)
- Cosmos (Carl Sagan 지음, Ballantine Books 출판)
- A Short History of Nearly Everything (Bill Bryson 지음, Crown 출판)
- The Selfish Gene (Richard Dawkins 지음, Oxford Landmark Science 출판)

인류학 책 추천 영상

심리학 책 추천 영상

영어 책 추천 영상

과학 책 추천 영상

독해 지문을 빨리 읽는 방법

독해는 '빠르고 정확하게 글을 이해하는 것'이 핵심입니다. 이 능력을 파악하는 시험이 수능과 고등 내신 시험입니다(중등 내신 시험은 독해 비중이나 난도가 그다지 높지 않습니다). 두 시험 모두 제한된 시간 안에 글의 주제를 이해하는지, 세부 사항을 파악하는지, 논리적인 흐름을 이해하는지, 명시적으로 드러나지 않은 의도를 유추할 수 있는지 등을 묻습니다. 전제가 '제한된 시간'입니다. 즉, 일단 빨리 읽어야 점수를 잘 받을 수 있다는 말입니다. 그럼 어떻게 지문을 빨리 읽을 수 있을까요?

어휘량 늘리기

단어를 많이 알지 못하면 지문을 읽을 때마다 모르는 단어의 뜻을 유추해야 하므로 그만큼 시간이 소모됩니다. 단어를 많이 알면 유추하는 시간이 줄어 읽는 속도가 당겨집니다.

패턴 익히기

"Not only you but also I like chicken. (너뿐만 아니라 나도 치킨을 좋아한다.)"라는 문장을 읽을 때 'not only ~ but also … (~뿐만 아니라 …도)'라는 구문이 머릿속에 있다면 단어를 하나씩 해석할 필요가 없습니다. 'not only ~ but also … ' 절을 덩어리로 파악하기 때문입니다. "Just because he helped you once doesn't mean that he likes you. (그가 너를 한 번 도왔다고 그가 너를 좋아하는 것은 아니다.)"라는 문장도 마찬가지입니다. 'just because ~ doesn't mean …(~라고 해서 반드시 …인 것은 아니다)' 구문을 알고 있다면 독해 속도는 한 문장을 해석하는 속도만큼 줄어듭니다. 이러한 패턴을 모아서 정리해 두면 글 읽기 속도가 빨라집니다. 흔히 말하는 구문 학습도 패턴 익히기의 일종입니다.

배경지식 쌓기

배경지식이 많은 사람일수록 글을 빨리 읽습니다. 예를 들어 '자기실현적 예언(self-fulfilling prophecy)'◆에 관해 이미 알고 있는 아이라면 관련 이론을 증명하고 실험하는 지문을 누구보다 빠르게 해석할 수 있습니다. 실험 과정이나 세부 내용을 하나하나 읽지 않아도 실험이 어떤 식으로 전개될지 예측할 수 있기 때문입니다.

많이 읽기

가장 확실한 건 역시나 많이 읽기입니다. 글을 읽는 과정은 말

◆ 자신이 예측한 대로 결과가 발생한다는 개념인데, 미래에 대한 기대와 예측에 부합하기 위해 행동하여 실제로 기대한 바를 현실화하는 현상을 말합니다. 공부를 열심히 해도 시험을 잘 못 볼 거라 믿는 아이는 공부를 열심히 하지 않게 되고, 결과적으로 실제 시험에서도 좋은 성적을 거두지 못하는 상황과 같습니다.

몇 마디로 단정 짓기 힘든 복잡하고 섬세한 과정입니다. 따라서 글 읽기 방법론 몇 가지만으로 글 읽기 전체를 파악할 수 있다고 생각하는 건 위험합니다. 실제로 글을 빨리 읽는 사람은 속독법을 익힌 사람이 아니라 다독 경험이 풍부한 사람입니다. 흔히 다독이라고 하면 책 읽기만 떠올리는데 독해 지문 읽기도 병행해야 합니다. 독해 지문은 시험 유형에 최적화되어 있습니다. 따라서 유형별로 전개 방식이 비슷한 흐름을 갖습니다. 이것도 일종의 패턴인데, 이런 패턴에 익숙해지면 지문을 더 빠르고 정확하게 읽을 수 있습니다.

피해야 하는 일

해야 할 일과 더불어 피해야 할 일도 알아야 합니다. 먼저 지문에 밑줄을 긋거나 표시하지 않도록 주의합니다. 이런 행동은 글 읽는 속도와 집중력을 떨어뜨립니다. 더불어 소리 내며 읽기도 피해야 합니다. 중얼거리는 속도는 아무리 빨라도 눈으로 읽는 속도를 넘어설 수 없습니다. 그만큼 읽기 속도를 떨어뜨립니다. 설사 속도가 비슷하다 해도 시험장에서는 결코 쓸 수 없는 방법이므로 평소에도 쓰지 않는 게 낫습니다.

그럼에도, 정확도 높이기

독해에서 안정적으로 고득점을 얻으려면 문제를 풀 때 근거가 정확해야 합니다. 그때그때 감으로 풀면 점수에 기복이 생겨 실전으로 갈수록 불안해집니다. 그런데 문제와 해답 사이의 근거는 어떻게 찾을 수 있을까요? 출제자 관점에서 생각하면 쉽습니다. 보통 헷갈리거나 틀린 문제라도 두세 가지 보기를 두고 갈등했을 것입니다. 그럴 때는 해당 보기가 정답이라고 가정하고, 정답일 때 해설지에 어떤 근거를 쓸 수 있을지 떠올려봅니다. 출제자가 되어 해설지를 작성해 보는 것입니다. 단순히 정답 맞히기를 넘어 근거까지 찾아버릇하면 문제를 풀 때 확신을 품고 정답을 쓸 수 있게 됩니다. 당연히 정답률은 올라가고 고득점을 안정적으로 받을 수 있습니다. 최상위권 아이들 상당수가 쓰는 방식입니다.

최상위권 아이들은 시험장에서 문제를 풀 때도 근거를 찾아가며 풉니다. 시간이 부족하면 감을 믿고 풀지만 시간이 조금이라도 남으면 점검 시간에 근거를 찾아 정리합니다. "근거를 대며 문제를 푸는 방식은 정답률을 높이는 가장 확실한 방법이지만, 정작 시험을 치를 때는 근거를 따질 시간이 없다."라고 말하는 아이들이 많습니다. 맞습니다. 그럼에도 최상위권 아이들은 문제도 다 풀고 정답률도 100퍼센트에 달합니다. 무엇이 다른 걸까요? 답은 빨리 읽기입니다. 허무한 결론이지만 실제로 최상위권 아이들은 읽기 속도를 높여서 근거 찾는 시간을 확보합니다. 단순히 속도만 높이는 게 아니라 내용 이해도를 유지한 채로 속도를 높이는 것입니다. 결국 관건은 속도입니다.

영어 독해 문제 빨리 풀기

독해 지문을 포함하여 독해 문제를 빨리 푸는 방법도 살펴보겠습니다. 앞에서 소개한 글 빨리 읽기가 이해도를 떨어뜨리지 않는 것을 전제로 하듯, 문제를 빨리 푸는 방법 역시 정답률을 낮추지 않는 것을 전제로 합니다. 애초에 문제를 빨리 풀려는 이유는 시간 내에 못 푸는 문제가 없도록 하여 정답률을 높이기 위함이니까요.

나만의 속도 확인하기

독해 문제도 푸는 속도를 당겨야 합니다. 그러자면 먼저 자신을 알아야 합니다. 일단 문제를 푸는 데 시간이 얼마나 걸리는지 재야 합니다. 전체 시간도 중요하지만 지문을 읽는 시간, 문제를 읽고 보기를 읽고 고민하는 시간, 지문과 문제를 왔다 갔다 하는 데 걸리는 시간 등을 하나하나 따져야 합니다. 지문이 어떤 주제일 때 유난히 시간이 오래 걸리는지, 단번에 읽으면서 파악할 수 있는지, 파악하지 못해 재독한다면 재독하는 데 걸리는 시간은 또 얼마인지, 난도가 높고 낮음에 따라 얼마나 시간차가 나는지, 시간이 유난히 오래 걸리는 문제 유형이 무엇인지 등을 파악하면서 시간을 줄여나가야 합니다. 물론 시간을 단축할 때도 정답률을 유지해야 합니다. 즉, 정확도를 유지하면서도 시간을 줄일 수 있는 영역이 있는지 찾고, 그 시간부터 줄여나가야 합니다.

유형별로 접근법 달리하기

정답률을 낮추지 않으면서 문제를 빨리 풀려면 빠르게 읽을 문제와 꼼꼼하게 읽을 문제 유형을 구별해야 합니다. 수능, 토플, 토익, 텝스 등 공신력 있는 시험은 유형과 난이도가 비슷하게 유지되므로 이 점을 활용해야 합니다. 수능을 예로 들면, 지문의 주제를 묻는 선택형 문항은 난도가 낮아 대강 훑듯이 읽어도 정답을 고를 수 있습니다. 반면 빈칸 추론 문항은 사소한 것도 놓치지 않아야 정답을 찾을 수 있습니다. 따라서 가볍게 풀어도 되는 주제 찾기·안내문·도표 문항 유형에서 시간을 줄이고, 줄여둔 시간을 빈칸 추론 문항 유형에 할애하는 식으로 풀어야 합니다.

해석하지 않아도 되는 항목은 알고 가기

빠르게 답만 구하는 문항이라면 문제를 먼저 읽어야 지문에서 필요한 지문을 골라 읽을 수 있습니다. 예를 들어 작가의 심경을 묻는 문항이라면 분위기와 큼직한 사건 정도만 파악해도 답을 구할 수 있습니다. 대다수 문항은 지명, 단체명, 날짜, 시간 같은 세세한 정보를 몰라도 풀 수 있습니다. 고유명사는 대문자로 시작하므로 대문자로 시작하는 말 역시 의미를 파악하려 애쓰지 않아도 됩니다. 숫자 정보 역시 따로 해석할 필요가 없으므로 빠르게 훑듯이 읽고 넘어갈 수 있습니다.

헷갈리는 문제에서 지체하지 않기

보기 중에서 세 개는 확실히 답이 아닌데 두 개를 두고 헷갈릴 수 있습니다. 이럴 때는 일단 아래에 있는 보기(1번과 5번이 헷갈릴 때는 5번 보기)를 선택하고 다음 문항으로 넘어갑니다. 시간을 재면서 문제를 풀어보면 알지만, 고민하기 시작하면 순식간에 시간이 흐릅니다. 일단 문항을 따로 표시하고 다음 문항으로 빠르게 넘어가는 게 낫습니다. 신기하게도 한 번 헷갈린 보기는 시간을 들여도 바로 답이 찾아지지 않습니다. 문제를 모두 풀고 난 다음에 시간 여유가 있을 때 점검하는 게 낫습니다.

피해야 하는 일

빨리 읽는 법을 이야기하면 속독학원을 떠올리는 분이 많습니다. 저는 권하지 않습니다. 세상에는 시험에 쓸모 있는 속독법도 분명 있을 것입니다. 하지만 제가 지금껏 경험한 속독법은 독해 지문을 읽고 문제를 풀 때 오히려 독이 되었습니다. 상당수 속독법이 시야를 최대한 넓혀서 한꺼번에 더 많은 글자를 읽게 하는 방식이기 때문입니다. 이러한 읽기 방식으로는 의미를 정확히 파악해야 하는 독해 문제에 대응할 수 없습니다.

실전 시험과 공부는 다릅니다. 최상위권 아이라면 지문과 문제를 읽는 속도가 빨라 실전에서도 근거를 찾는 시간까지 확보할 수 있습니다. 하지만 보통 아이들에게는 불가능한 방식입니다. 공부할 때는 근거 찾기에 몰두해야 하지만, 실전 시험에서도 근거 찾기에 몰두했다간 푼 문제보다 못 푼 문제가 많을 수 있습니다. 실전 시험에서는 감을 믿고 앞으로 나아가야 할 때도 있다는 걸 잊지 마세요. 근거 찾기에 매달려 문제를 다 풀지 못해 점수를 못 받았다고 우는 아이들을 꽤 자주 봅니다. 가능하면 객관적 근거를 찾으며 문제를 풀되 실전에서는 감으로 풀 수 있다는 것도 알아야 합니다.

독해 문제도 오답 정리는 필수다

독해 문제 역시 채점을 하고 오답 정리를 해야 합니다. 일단 틀린 문제는 시간에 제한을 두지 말고 철저하게 하나하나 검토하며 해석해야 합니다. 내용을 이해하지 못한 지문이 있었다면 이해될 때까지 다시 읽어보고 관련 자료와 해설지를 들춰보길 권합니다. 도무지 혼자서는 해결할 수 없다면 선생님들에게 도움을 구해야 합니다. 더불어 지문의 요지는 파악했지만 문제를 풀 때 잘못 생각해서 틀린 부분이 있다면 같은 실수를 반복하지 않도록 되새겨야 합니다.

오답을 부르는 원인 찾기

독해에 대한 오답 정리는 어떻게 하는 걸까요? 앞서 문법을 다룰 때도 살펴봤지만 오답 정리의 목적은 다음에 비슷한 문제를 또다시 틀리지 않기 위함입니다. 이 과정에서 나에게 부족한 부분이 무엇인지 확인하고 보완해야 합니다. 이때 가장 먼저 할 일은 왜 이 문제를 틀렸는지 원인을 파악하는 것입니다. 학원에서 아이들을 보면서 정리해 본 원인은 다음과 같습니다.

첫째, 단어와 표현을 몰라서입니다. 모르는 단어와 표현이 많으면 많을수록 지문, 보기, 문항을 잘못 해석합니다. 이미 본 지문을 해석하는 건 당연하고 처음 보는 지문도 어느 정도 해석해 낼 수 있어야 합니다. 따라서 해당 지문, 보기, 문항에 수록된 단어와 더불어 중학 필수 어휘집이나 수능 필수 어휘집에 있는 단어를 추가로 외워야 합니다. 새로운 지문은 언제라도 등장할 수 있기 때문입니다. 다행히 내신 시험이든 수능 시험이든 해당 시험 수준에 맞는 어휘는 일정하게 정해져 있습니다. 그 수준에 도달할 때까지 어휘량을 채워야 합니다. 그러자면 하루에 단어를 몇 개씩 몇 번 반복해야 하는지 확인하고 계획한 후 실천해야 합니다.

둘째, 단어는 알지만 구문을 바르게 해석하지 못한 경우입니다. 이럴 때는 잘못 해석한 문장의 구조를 꼼꼼하게 살펴보면서 정확하게 해석하는 과정을 거쳐야 합니다. 얼추 비슷하게 해석하고 넘어가지 말고, 하나하나 정확하게 분석해야 합니다. 그래야 비슷한 구문을 만났을 때 빠르고 정확하게 해석할 수 있습니다. 조금 여유가 있다면 '천일문' 시리즈 같은 구문 학습서를 보면서 정리하길 권합니다.

셋째, 지문을 제대로 해석했지만 보기 중에서 답을 고르지 못하는 경우입니다. 단답형은 잘 적어내는데 보기 중 고르는 유형에 약한 아이들이 있습니다. 보기에서 고르는 유형에는 몇 가지 규칙이 있습니다. 예를 들면, 지나치게 포괄적이거나 지엽적인 보기는 답이 아닙니다. 일반 상식으로는 맞는 내용이지만 지문에 나오지 않은 내용은 답이 아닙니다. 둘 다 지문에 등장하는 보기이지만 헷갈린다면 지면에서 분량을 많이 다룬 보기가 답입니다(늘 그런 건 아닙

2020_12월_고3_대수능_23

7. 다음 글의 주제로 가장 적절한 것은?7)

Difficulties arise when we do not think of people and machines as collaborative systems, but assign whatever tasks can be automated to the machines and leave the rest to people. This ends up requiring people to behave in machine-like fashion, in ways that differ from human capabilities. We expect people to monitor machines, which means keeping alert for long periods, something we are bad at. We require people to do repeated operations with the extreme precision and accuracy required by machines, again something we are not good at. When we divide up the machine and human components of a task in this way, we fail to take advantage of human strengths and capabilities but instead rely upon areas where we are genetically, biologically unsuited. Yet, when people fail, they are blamed.

① difficulties of overcoming human weaknesses to avoid failure
② benefits of allowing machines and humans to work together
③ issues of allocating unfit tasks to humans in automated systems
④ reasons why humans continue to pursue machine automation
⑤ influences of human actions on a machine's performance

2020_9월_고3_평가원_23

5. 다음 글의 주제로 가장 적절한 것은?5)

Conventional wisdom in the West, influenced by philosophers from Plato to Descartes, credits individuals and especially geniuses with creativity and originality. Social and cultural influences and causes are minimized, ignored, or eliminated from consideration at all. Thoughts, original and conventional, are identified with individuals, and the special things that individuals are and do are traced to their genes and their brains. The "trick" here is to recognize that individual humans are social constructions themselves, embodying and reflecting the variety of social and cultural influences they have been exposed to during their lives. Our individuality is not denied, but it is viewed as a product of specific social and cultural experiences. The brain itself is a social thing, influenced structurally and at the level of its connectivities by social environments. The "individual" is a legal, religious, and political fiction just as the "I" is a grammatical illusion.

① recognition of the social nature inherent in individuality
② ways of filling the gap between individuality and collectivity
③ issues with separating original thoughts from conventional ones
④ acknowledgment of the true individuality embodied in human genes
⑤ necessity of shifting from individualism to interdependence

오답의 원인을 찾아서 쓴 예시 1   예시 2

니다). 유형에 조금 익숙해져야 하는데, 그러자면 해당 유형을 풀 때 어떤 규칙을 적용하여 풀지 정리해 두면 확실히 편합니다.

넷째, 지문을 바르게 해석했지만 배경지식이 부족해 내용을 이해하지 못한 경우입니다. 국어 비문학 공부를 할 때와 마찬가지로 철학·예술, 사회·경제, 과학·기술과 관련한 지식이 풍부하면 영어 공부를 할 때도 훨씬 수월합니다. 즉, 책을 폭넓게 읽어서 상식과 배경지식을 채워두면 좋다는 말입니다. 가장 오래 걸리고 어려운 일입니다. 처음에는 지문에 자주 등장하는 기본 개념 정도만 검색해서 정리해 두길 권합니다. 기초 학문의 기본 개념과 이론은 반복해서 등장하기 때문입니다.

크게 이 네 가지 방법을 중심으로 오답 정리를 한다면 시간을 투입한 만큼 결실을 얻게 될 것입니다.

추천 독해 문제집

독해 속도를 높이는 데는 소설책이 좋지만, 독해 문제 유형을 파악하고 익숙해지는 데는 문제집만 한 게 없습니다. 도움을 받을 수 있는 문제집을 소개하겠습니다. 초등학생이라면 '미국교과서 읽는 리딩'(키출판사) 시리즈를 추천합니다. 수준이 K, Easy, Basic, Core 순으로 나뉘어 있고, 표지에 렉사일 지수도 표시되어 있어 난이도에 맞춰 골라 쓸 수 있습니다. 미국 교과서에 담긴 내용을 분석하여 재구성한 형식이라 과학, 사회 등 기초 분야의 상식도 쌓을 수 있습니다. 생각을 유도하는 문제가 잘 담겨 있어 실제 미국 교과서를 읽는 것보다 더 재미있습니다.

중학생이라면 'Read up'(NE_Build&Grow)과 'Reading explorer' (Cengage Learning) 시리즈를 추천합니다. 'Read up' 시리즈는 사회·문화·과학·역사 전반을 다루고 있어 견문을 넓히기에도 좋습니다. 문제 구성도 내용 파악, 유의어, 요약 연습 등으로 균형 있게 배치되어 있습니다. 해답지는 출판사 홈페이지에서 내려받을 수 있습니다. 'Reading explorer' 시리즈는 내셔널지오그래픽과 공동으로 작업해서 만든 책이라 방대한 사진과 영상 자료까지 활용할 수 있어 좋습니다. 문제 수준도 깊이가 있어서 아이들의 생각을 끌어내기에도 적합합니다. 해답지는 교사용을 별도로 구입해야 해서 번거롭지만 몰입감이 탁월한 책이라 단점을 상쇄합니다. 영어 수준이 높은 초등학생에게도 추천하는 문제집입니다.

추천 독해 문제집

영작,
언제부터
시작해야 할까?

영어 글쓰기는 중·고등학교 내신 시험에서 변별력을 가르는 잣대이자 영어를 생활의 일부로 받아들일 수 있게 하는 중요한 영역입니다. 영어 글쓰기는 문법·듣기·읽기에 비해 능숙해지는 데 오래 걸리므로 꾸준히 실력을 향상시켜야 합니다. 고등학교에 입학한 다음에 시작하면 늦습니다. 고1에 시작하면 아무리 빨라도 고2는 되어야 일정한 궤도에 오릅니다. 이 말은 고1 내신을 잘 받기 힘들다는 말이고, 입시에서 상당히 불리해진다는 말입니다. 빠르면 빠를수록 좋지만 늦어도 중2 때는 영어 글쓰기를 시작해서 중3 때는 정상 궤도에 올라서야 합니다. 그런데 어떻게 해야 영어 글쓰기 실력을 높일 수 있을까요? 여러 가지가 있지만 크게 ① 일상 주제에 답하며 쓰기, ②읽은 글에 대한 의견 쓰기, ③구문 학습서에 담긴 문장 따라 쓰기로 나눌 수 있습니다.

일상 주제에 답하며 쓰기

매일 일상 주제에 답하는 글을 쓸 수 있습니다. 예를 들어 "주말에 무엇을 했는지 쓰시오." 혹은 "화가 난 경험에 대해 쓰고, 그렇게 느낀 이유를 쓰시오." 같은 일상 주제에 관한 질문을 만들어 답하는 식입니다. 최근에 주변에서 일어난 일을 떠올리며 질문을 만들고 답하면 편합니다. 이렇게 '매일' 글을 쓰면 영어를 삶의 한 부분으로 받아들일 수 있습니다.

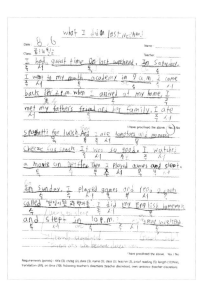

주말에 한 일을 쓴 아이 글을 첨삭한 예

군이 질문을 만들지 않고 일기를 쓰듯 편안하게 써도 됩니다. 하루 동안 가장 인상 깊었던 장면, 상황, 생각, 마음 등을 자유롭게 쓸 수 있습니다. 일상 회화를 하는 데에도 도움이 되므로 시험 부담이 덜한 초등학생에게 권하는 방식입니다. 처음에는 누구라도 짧고 거칠고 엉성하게 쓰지만, 매일 쓰다 보면 양도 늘고 내용도 매끈해집니다. 꾸준히만 하면 어쨌든 느는 게 글쓰기입니다.

문제집으로만 공부해 온 아이들은 어렵고 학술적인 단어인 mammal(포유동물)은 알아도, 쉽고 일상적인 단어인 dustpan(쓰레받기) 같은 단어를 모를 때가 많습니다. 이런 아이들이 일상 주제 글쓰기를 하면 쉽고 일상적인 단어를 채울 수 있어 어휘에도 균형감이 생깁니다. 쓴 글을 부모님이나 선생님에게 첨삭 받으면 실용 문법까지 챙길 수 있습니다. 한글 글쓰기와 마찬가지로 영어 글쓰기 역시 첨삭을 받으면 글이 빠르게 늘고 문법도 정확해집니다.

시중에 나온 문법 책의 목차나 구성을 보면 사용 빈도나 중요도 순이 아니다 보니 쓰임새가 덜한 문법이 자주 등장합니다. 예를 들어 비교 영역에서 "He is senior to me.(그는 나보다 나이가 더 많다.)"와 같은 비교급에 '~보다'라는 뜻으로 than을 쓰지 않고 to를 쓰는 'senior to~(~보다 나이가 많은)'를 알려주는 식입니다. 이 문법은 실제로 거의 쓰지 않고 시험에도 잘 나오지 않습니다. 그보다는 "나는 늦지 않았다."를 영어로 쓸 때 "I didn't late."가 아니라 "I wasn't late."임을 알려주는 게 낫습니다.

언어는 사용 빈도가 높은 것을 먼저 배워야 합니다. 일상에서 경험하고 생각하는 내용은 실용과 맞닿아 있어 동기부여가 잘되는 편이고, 표현하고 싶은 문장을 스스로 찾아 쓰다 보니 기억에도 잘 남기 때문입니다.

읽은 글에 대한 의견 쓰기

매번 뭘 써야 할지 모르겠다는 아이들을 만납니다. 그럴 때는 읽은 글에 대해 내 생각을 써보라고 합니다. 예를 들어, 안락사와 관련한 글을 읽었다면 내가 안락사를 찬성하는지 혹은 반대하는지 쓰는 식입니다. 단순히 내 생각만 말하는 게 아니라 상대를 설득할 수 있도록 다양한 근거와 사례가 뒷받침되어야 합니다. 개념, 근거, 사례는 한국어와 영어로 함께 찾아보면 좋습니다. 이 과정에서 해당 주제를 좀 더 깊게 이해할 수 있고 전문 용어까지 덤으로 알게 됩니다. 자연스럽게 글의 전개 방식을 익힐 수 있습니다.

의견이나 주장을 내는 글쓰기는 하면 할수록 논리를 피력하는 능력이 향상됩니다. 논리를 펼칠 때 어떤 단어와 구문을 써야 할지 찾아야 하므로 표현력과 동시에 문법력도 늡니다. 주제와 관련된 여러 단어를 정리하다 보면 뉘앙스와 정확한 쓰임까지 신경을 쓸 수 있어 어휘력도 향상됩니다.

My opinions about Compulsory Military Service

Date: 7 / 6   Name: _____

Class: 중10 책   Teacher: _____

Compulsory Military Service is becoming an issue. I am going to tell you about my opinion. My opinion is that we should keeps the compulsory military service if it meets few conditions. First, give soldiers one room person. Private life is a very important factor in today's society. Using a room with other people for one year and few more months, would make people too tired. Secondly, raise the fee which soldiers receive by protecting our country. People are even not receiving money as much as the minimum wage. 1 year and 6 months is not a short time in our life. At least the country should give the money more than the minimum wage, because the soldiers didn't choose to come. Third, diminish the time we live in the army. 1 year is too long! Humans normal lifespan is about 85 years. Lastly, make women to go to the army, too. This is the most important request. In the past, battle were tough and using one's body was really important, but the era fighting with one's head came. Women could seriously take parts in war. They don't have rights to complain that men is easier to get a job unless they go to army, too. These were my opinions. Thank you for reading.   Great Job keep it up!

I have proofread the above.   Yes / No

Requirements (points) - title (3), ch/pg (3), date (3), name (3), class (3), teacher (3), proof reading (3), length (10/line), on time (10), following teacher's directions (teacher discretion), own sentence (teacher discretion)

징병제에 관한 부정적 요소(The Concerns with Compulsory Military Service)와 긍정적 요소(The Benefits of Compulsory Military Service)를 담은 A4 원고 4매를 읽고 아이가 생각을 정리해서 쓴 글

　학원에서는 다른 아이가 쓴 글과 내가 쓴 글을 비교해 보게 합니다. 스스로 첨삭을 하는 셈입니다. 아이들은 더 나은 어휘와 문법과 전개 방식을 찾아내 빠르게 취합니다. 비교하고 첨삭하는 과정만큼 글쓰기를 빠르게 늘리는 방법은 없습니다. 능동적 글쓰기는 글에 대한 통찰력을 높입니다. 수동적 읽기로는 도무지 얻을 수 없

는 장점입니다. 무엇보다 글을 써버릇하면 논리 전개가 탄탄해져서인지 타인이 쓴 글도 훨씬 잘 읽어냅니다.

구문 학습서에 담긴 문장 따라 쓰기

이 방법은 '천일문' 같은 책에 담긴 문장을 따라 쓰는 것입니다. 패턴이 동일한 다양한 문장을 따라 쓰면서 문장 구조를 유형별로 정리할 수 있습니다. 고등 내신을 염두에 둔 학생이라면 시험과 직결되기 때문에 효율도 높습니다. 무엇보다 빈출 문장 구조를 놓치지 않고 체계적으로 정리할 수 있습니다.

다만 타인이 정리한 문장을 받아쓰는 수동적인 방식이라 재미는 덜합니다. 체화하려면 그만큼 반복해서 써야 합니다. 영어 글쓰기를 해본 적이 없거나 쓴 글을 첨삭 받은 경험이 없는 고등학생이 이 방식으로 글쓰기를 연습하면 스스로 체화한 문장이 머릿속에 없어서인지 휘발성이 강합니다. 장기적으로 활용하기에는 힘들다는 말입니다.

고등학교 내신 기간에 학생들에게 예상되는 서술형 문제를 나눠주고 연습시켜도 마찬가지입니다. 내 생각을 써본 적이 없는 아이들은 문장을 외워 써서인지 금방 잊어버립니다. 인간의 단기 기억은 용량이 제한적인데 고등 내신 시험은 단기 기억으로 해결할 수 있는 범위를 넘어서므로 이 방법이 통하지 않습니다. 따라서 구문 책으로 영작을 연습하는 방식은 자신의 생각으로 글쓰기를 한 경험이 쌓인 이후에 사용하길 권합니다. 자신의 생각을 영어로 써 보며 삶의 일부로 받아들이기가 우선입니다. 그 후에라야 구문 학습서 문장 책 따라 쓰기도 효과를 낼 수 있습니다.

영작한 내용을 챗GPT를 활용해 첨삭 받기

최근에는 챗GPT를 활용하여 영작한 내용을 첨삭 받는 것도 가능해졌습니다. 물론 이 방법으로 효과를 보려면 학습자가 챗GPT를 어느 정도 다룰 수 있고, 첨삭 받은 내용이 옳은지 그른지 검증할 수 있는 수준이어야 합니다. 챗GPT는 영작은 곧잘 해도 첨삭은 아직 서툴러 보입니다. 글쓴이의 의도를 알지 못해 전혀 엉뚱한 결과를 내기도 합니다. 그럴 때는 적절한 명령어로 수정해서 결과를 다시 낼 수 있도록 해야 합니다.

얼마 전에 학원생(대치동 중1 중위권 학생)이 쓴 영작문을 챗GPT가 얼마나 잘 첨삭하는지 살펴본 적이 있습니다. 다섯 개 중 네 개는 제대로 첨삭되었지만 한 개는 전혀 엉뚱한 결과가 나왔습니다. 학습자가 엉뚱한 결과를 알아채고 수정할 수 있다면 챗GPT도 꽤 쓸모 있지만 그렇지 않다면 문제가 생길 수 있습니다. 영작이 능숙하지 않은 평범한 초등학생이 쓴 글이라면 어떨까요? 절반 이상에서 엉뚱한 결과가 나왔습니다. 따라서 챗GPT가 첨삭한 내용을 다시

해석해 보면서 의도한 대로 첨삭되었는지 확인하고
수정하는 과정을 거치는 용도로 챗GPT를 쓰길 권합
니다. 챗GPT를 활용한 첨삭 관련 내용은 영상으로
자세히 다루었습니다. 궁금한 분은 오른쪽 QR코드
를 확인해 주세요.

챗GPT 활용 영상

듣기,
귀가 뚫린다는 게
뭘까?

　말하기, 듣기, 쓰기, 읽기 중 듣기는 일상생활을 할 때 가장 중요한 영역입니다. 말하기 능력은 다소 부족해도 원어민과 함께 생활하는 데 큰 어려움이 없습니다. 필요한 말만 몇 마디 하면 되고, 그마저도 어려우면 단어 몇 개와 몸짓 등으로 대신할 수 있으니까요. 하지만 듣기는 다릅니다. 듣기 능력이 떨어지면 주변에서 무슨 일이 벌어지고 있는지 파악할 수 없어 생활하기가 어려워집니다.

　듣기 능력을 기르는 방법은 실용적 듣기와 시험용 듣기로 나눠서 생각해야 합니다. 둘은 성격이 매우 다르기 때문입니다. 한국에서 나고 자란 아이들도 수능 영어 듣기 영역 정도는 크게 어려워하지 않고 정답을 맞힙니다. 하지만 이런 아이들조차 원어민들이 나누는 일상 대화를 들어보라고 하면 30퍼센트도 이해하지 못합니다. 생활 영어는 속도, 발음, 표현이 시험용으로 녹음된 영어와 확연히 다르기 때문입니다.

실용적 듣기 능력 향상법

들기 능력을 향상시키는 가장 좋은 방법은 영어를 잘하는 사람들과 영어로 말하며 지내는 것입니다. 하지만 부모가 영어를 능숙하게 구사하는 경우가 아니라면 이런 상황을 만들기가 쉽지 않습니다. 그래서 많은 부모가 대안으로 영어 영상물 들려주기를 시도합니다. 비디오, 특히 넷플릭스나 유튜브의 영어 콘텐츠를 수시로 들려주는 방식입니다. 가장 현실적인 방법이지만 이 방식을 쓴다면 콘텐츠를 고를 때 몇 가지를 유념해야 합니다.

첫째, 아이가 관심을 보이는 콘텐츠라야 합니다. 듣기가 좋아지려면 집중해서 보고 들어야 하는데, 관심 없는 콘텐츠를 집중해서 보고 들을 아이는 없습니다. 아이가 흥미를 보이는 콘텐츠를 찾는 것이 핵심입니다. 아이 스스로 이곳저곳 뒤져가며 찾게 해도 좋고, 부모가 미리 찾아서 보고 아이에게 추천해도 좋습니다. 그렇게 찾은 콘텐츠를 들려주다 보면 아이가 어떤 콘텐츠에 빠져드는지 조금씩 알게 될 것입니다.

아이가 어리다면 넷플릭스 키즈 계정으로 접속하길 권합니다.

추천 콘텐츠를 활용하면 적합한 영상을 더 쉽게 찾을 수 있기 때문입니다. 자막을 영어로 설정한 후에 시청하면, 들리는 표현의 철자까지 확인할 수 있습니다. 크롬 브라우저로 넷플릭스를 시청하는 경우라면 확장프로그램인 Language Reactor(구LLN)를 사용하여 자막을 추출할 수도 있습니다. 이때 단어를 클릭하면 뜻을 찾아볼 수 있고 인쇄도 편하게 할 수 있습니다.

디즈니플러스 영상도 좋습니다. 넷플릭스에는 영어 콘텐츠 외에도 다른 언어로 된 콘텐츠가 많습니다. 넷플릭스만의 강점이지만 공부할 때는 방해가 될 수 있습니다. 영어를 더 잘 익히려고 영상을 보기 시작했는데 더 재미있는 다른 언어 영상으로 넘어갈 위험이 높습니다. 반면 디즈니플러스 영상은 대다수가 영어 콘텐츠라 공부할 때는 더 나을 수 있습니다. 마블 마니아나 디즈니 마니아라면 관심 있게 볼 영상이 아주 많다는 점도 강점입니다. 얼마 전만 해도 디즈니플러스는 자막 크기가 작다는 시청자 불만이 있었는데, 요즘은 자막 크기를 조절할 수 있게 바뀌어서 괜찮습니다.

유튜브는 매우 다양한 주제의 콘텐츠를 만날 수 있어 좋습니다. 레고를 좋아하는 아이라면 'lego'를 검색해서 수많은 영상을 찾을 수 있습니다. 다양한 사람들이 다양한 방식으로 진행하는 수많은 영상 중에서 나에게 맞는 영상을 취향껏 고를 수 있습니다. 누구든 좋아하는 영상은 집중해서 봅니다. 집중해서 보면 영상을 눈으로만 따라가면서도 맥락을 파악할 수 있습니다. 맥락과 상황이 인지되면 영어 표현이 훨씬 잘 들립니다. 해당 표현이 어떤 상황에서 주로 쓰이는지도 자연스럽게 습득할 수 있습니다.

둘째, 아이 수준에 맞는 콘텐츠라야 합니다. 아무리 흥미로운 콘텐츠라도 아이 수준을 넘어서는 순간 튕겨져 나갑니다. 2016년에 방영된 넷플릭스 시리즈 〈지정생존자〉를 보며 영어를 익히고 있다고 말한 학원생이 있었습니다. 저도 재미있게 본 드라마였지만 조금 의아했습니다. 정치 드라마라 중1 아이가 보기에는 생소한 전문 용어가 많이 나오고 추상적인 대사도 많았기 때문입니다. 아니나 다를까 며칠 후 아이에게 물어보니, 무슨 말인지 잘 이해되지 않아서인지 다른 드라마에 비해 배운 게 별로 없다고 했습니다. 이 아이는 미국에서 유치원을 다녔고, 일본에 있는 국제학교에서 초등 시기를 보낸 터라 5년 이상 영어를 익힌 상태였습니다. 영어 노출도가 매우 높았던 아이조차 소화하기 어려운 콘텐츠를 한국에서 자란 평범한 아이가 본다면 어떤 반응을 보일지 짐작이 갈 것입니다.

영상이나 음원(MP3 등)을 맥락이나 상황을 이해하지 않은 채로 그냥 듣는 아이들이 있습니다. 이 아이들은 언젠가 귀가 뚫릴 거고 결국 영어를 잘하게 될 거라고 믿습니다. 하지만 단순히 흘려듣는 것만으로는 영어를 잘할 확률이 낮습니다. 영상물 시청이나 음원 청취로 듣기 능력을 끌어올리려면 두 가지가 필수입니다. 첫 번째는 맥락과 상황에 대한 이해입니다. 맥락과 상황을 이해하지 못한 상태에서는 아무리 소리가 명확하게 들려도 이미 아는 표현이 아닌 이상 추론을 통해 의미를 파악할 수 없습니다. 의미도 모르고 어떠한 상황에서 쓰이는지도 모르는 소리의 조각은 머릿속에서 빠르게 사라집니다.

두 번째는 소리에 귀 기울이기입니다. 영어 발음 중에는 한국어 발음과 비슷한 것도 있지만 한국어 발음에는 존재하지 않는 발음도 있습니다. 그러한 발음은 귀 기울여 듣지 않으면 구분하기 어려워 한국어에 있는 다른 소리로 잘못 인식해서 말하기도 합니다. 예를 들어 문예 양식의 갈래를 뜻하는 장르는 영어로 genre인데 발음이 [ˈʒɑːnrə]입니다. 그런데 한국인 대다수는 [ʒ]를 [ㅈ]으로 인지하고 발음합니다. [ʒ] 발음은 j 철자가 주로 발음되는 [dʒ]와 다른데, 사용 빈도가 높지 않아 대충 들어서는 둘을 구분하기 어렵습니다. 이런 발음은 소리 자체에 신경을 집중해서 들어야 구분할 수 있고, 구분할 수 있어야 말할 수도 있습니다.

영상이나 음원으로 영어를 익힐 때는 주의할 점이 하나 더 있습니다. 흔히 소리가 정확히 들리지 않으면 무한정 반복해서 들으려 하는데, 그런다고 안 들리는 소리가 들리지 않습니다. 듣는 횟수는 10번 정도로 제한해야 합니다. 10번 넘게 들어도 안 들리면 그 이상 반복해서 들어도 안 들립니다. 음질이 좋지 않거나 해당 배우가 발음을 얼버무려서 안 들리는 것일 수도 있습니다. 이런 단어 중 상당수는 맥락을 알지 못하면 원어민도 알아듣지 못합니다. 이럴 때는 유글리시(https://youglish.com) 같은 발음 검색 사이트로 들어가 해당 스크립트를 검색한 후 다른 사람들이 어떻게 발음하는지 들어보길 권합니다. 여러 사람이 한 문구를 어떻게 발음하는지 듣다 보면 공통으로 나타나는 특징을 확인할 수 있어 큰 도움이 됩니다.

다른 언어를 배울 때도 마찬가지입니다. 같은 단어도 사람마다 조금씩 다르게 발음합니다. 그런데도 해당 언어를 숙달한 사람들은 잘 알아듣습니다. 그 단어를 발음할 때 공통으로 나타나는 음성적인 특성이 있기 때문입니다. 한 사람이 말하는 것을 듣는 것만으로는 그 언어의 숙달자들이 공유하는 음성적 특성이 무엇인지 파악하기 힘듭니다. 따라서 영상을 보다가 특정 문구가 귀에 잘 들리지 않으면 그 문구를 다른 사람은 어떻게 발음하는지 들어보길 권합니다. 큰 도움이 될 것입니다.

언어를 배우는 과정은 참으로 신비합니다. 각각의 언어에는 그 언어만의 고유한 '음소(phoneme)'를 나누는 방법이 있습니다. 음소란 의미 구별 기능이 있는 음성상의 최소 단위입니다. 예를 들어 한국어를 익힌 사람에게 [굴] 발음과 [꿀] 발음을 들려주면 [굴]과 [꿀]을 다른 발음으로 인지하고 [굴]과 [꿀]이 나타내는 뜻도 다르다고 여깁니다. 즉 한국인에게 [ㄱ]과 [ㄲ]은 다른 음소입니다. 하지만 [굴]과 [꿀]을 영어 원어민에게 들려주면 같은 발음으로 인지합니다. [ㄱ]과 [ㄲ]을 구별하지 못해 같은 발음으로 인지하기 때문입니다. [ㄱ]과 [ㄲ]뿐 아니라 [ㅋ]마저 같은 발음인 [k]로 인지합니다. 성씨 중 하나인 '김'을 'Kim'으로, 싸이의 '강남 스타일'을 'Gangnam

Style'이 아닌 'Kangnam Style'로 표기하는 이유입니다.

그런데 영어 원어민은 왜 한국인에게 다른 소리(음소)로 들리는 [ㄱ], [ㄲ], [ㅋ]을 같은 소리(음소)로 인지하는 걸까요? 영어의 원어민은 [g]나 [k]와 비슷한 소리가 들리면 성대가 울리는지 여부로 발음을 구별하고 나머지 음성적 특징은 무시하기 때문입니다.

즉, 한국어에서 섬세하게 구별하는 음성적 특징을 영어에서는 구별하지 않고 하나로 취급합니다. 그리고 이 반대도 성립합니다. 따라서 영어를 할 때에는 영어에서 신경 쓰지 않는 음성적 특성을 구별하기 위해 애쓸 필요가 없고, 한국어에서는 구별하지 않지만 영어에서는 섬세하게 구별하는 음성적 특성들에 각별한 주의를 기울일 필요가 있습니다. 한국인이 영어를 배울 때 특히 신경 써야 하는 발음에는 [r]과 [l], [b]와 [v], [f]와 [p] 등이 있습니다. 이런 발음들은 문장을 통해 자주 접하면서 구별할 수 있을 때까지 반복해서 듣고 말하는 훈련을 해야 합니다.

시험용 듣기 능력 향상법

시험용 듣기 능력 올리기는 실용적 듣기 능력 올리기보다 한결 쉽습니다. 듣기 평가용 문제는 보통 속도로 정확하게 발음되기 때문입니다. 어휘를 익힐 때 터무니없는 엉터리 발음으로 외운 경우가 아니라면 본인이 알고 있는 발음대로 단어가 인지됩니다. 시험

용 듣기 능력을 기르는 가장 현실적인 방법은 시험용 듣기 교재를
이용하는 것입니다. 본인의 듣기 실력에 맞는 교재를 정하고, 문제
를 풀고, 틀린 문제라면 스크립트를 보면서 음원을 다시 듣는 과정
을 거치면 대다수 듣기 시험은 잘 볼 수 있습니다.

추천 듣기 교재

듣기 교재는 답지에 실린 지문을 80퍼센트 이상 이해할 수 있는
수준으로 골라야 합니다. 초등학생이라면 'Bricks Listening'(사회평
론) 시리즈를 추천합니다. 표현, 문제 풀기, 받아쓰기 등 부족한 영
역이 없고, 구성도 체계적이며, 디자인도 보기 편합니다. 난이도는
Bricks Easy Listening부터 Bricks Intensive Listening까지 세세하
게 나뉘어 있습니다. 초등학생용만 수십 권에 이르는데, 초등 고학
년이라면 Bricks Listening Intermediate가 무난합니다. 이왕이면
Bricks 홈페이지(https://www.ebricks.co.kr)에 있는 스크립트를 내려
받아([수업자료]-[Script] 탭 클릭) 확인한 다음 수준에 맞는 교재로 준비
하길 권합니다. 교재 구성이나 발음 등도 미리보기와 미리듣기로
확인해 보면 좋습니다.

중학생이라면 'Developing listening skills'와 'Mastering
listening skills'(다락원) 시리즈를 추천합니다. 단순히 문제만 푸는
게 아니라 주제를 정하고 해당 주제에 대한 지식도 함께 쌓을 수 있
도록 구성되어 있습니다. 탐험가가 주제라면 마젤란 같은 인물을

소개하고 당시 유럽에서 다른 대륙으로 탐험을 시작한 배경까지 이야기해 주는 식입니다. 해당 주제를 다룰 때 필요한 표현도 정리하고, 내용을 이해했는지 확인하는 문제를 풀고 받아쓸 수 있습니다. 몰입도와 지적 충족을 함께 높여주는 교재입니다.

추천 듣기 교재

듣기 능력을 향상시키는 오답 정리

듣기 역시 교재를 익히고 문제를 푼 다음에는 오답 정리를 해야 합니다. 오답은 표현, 발음, 철자(받아쓰기의 경우), 정답의 근거 순으로 정리합니다. 첫 번째는 표현입니다. 한국어도 마찬가지이지만 영어도 구어체 표현과 문어체 표현이 어느 정도 분리되어 있습니다. 예를 들어 "Can you make it at 5?"라는 표현이 듣기 예문으로 나오면 make it이 '도착하다'라는 의미로 쓰여 "5시에 올 수 있어?"로 해석됩니다. make it을 '도착하다'라는 의미로 쓰는 경우는 대개 일상 대화를 할 때입니다. 따라서 문어체로 써진 책만 읽어서는 이런 구어체 표현을 익히기 어렵습니다. 구어체에 자주 쓰이는 표현은 듣기 교재를 보면서 따로 정리해 둬야 합니다.

두 번째는 발음입니다. 한국인 대다수는 눈으로 인식할 수 있는 단어 개수가 귀로 들어 인식할 수 있는 단어 개수보다 많습니다. 따라서 읽을 때는 알아도 들어서는 모르는 단어가 없도록 문자와 발음을 매칭하는 작업이 필요합니다. 문제를 풀다가 무슨 말인지 모르는 부분이 나오면 따로 표시해 두고, 듣기를 마친 후에 스크립트를 확인합니다. 스크립트를 한 번 읽고 모르는 표현을 정리한 후에는 스크립트를 눈으로 따라가며 음원을 동시에 듣습니다. 학습자가 생각했던 발음과 들리는 실제 발음이 다른 경우에는 따로 정리해 둡니다. 예를 들어 사업가를 뜻하는 entrepreneur은 발음이 [ˌɑːntrəprəˈnɜːr]인데 이 단어를 읽을 때 무슨 뜻인지 아는 사람 대다수가 들을 때는 단어를 제대로 인식하지 못합니다. 이런 이유로 문자와 발음을 매칭하는 작업은 시험용 듣기에서 핵심이 되곤 합니다.

세 번째는 철자입니다. 받아쓰기를 할 때는 철자가 정확해야 하기 때문입니다. 읽거나 듣는 단어를 쓰기에 활용하려면 철자도 알고 있어야 하므로 꽤 의미 있는 작업이지만, 듣기 능력만 고려하면 우선순위는 낮은 작업입니다.

네 번째는 정답의 근거 정리하기입니다. 들은 내용은 이해하는

데 보기를 선택할 때 어려워하는 아이들을 종종 봅니다. 예를 들어 "Where did you put the box?(너는 그 상자 어디에 두었어?)"라고 물으면 보통은 "I put the box on the table.(나는 그 상자를 테이블 위에 두었어.)"과 같이 대답합니다. 하지만 보기에 "I guess Jack knows where that is.(잭이 그게 어디 있는지 알 것 같아.)"와 "I put the phone on the table.(나는 그 전화기를 테이블 위에 두었어.)" 등이 있을 수 있습니다. 이때 주의 깊게 따지지 않고 "I put the phone on the table."을 고르면 틀립니다. 상자(box)가 어디 있느냐는 질문에 전화기(phone) 위치를 답했기 때문입니다. 이럴 때는 "I guess Jack knows where that is."가 정답입니다. 나에게 어디 있는지를 물었지만 나는 모르고 잭은 알 것이라는 의미이기 때문입니다. 같은 실수를 반복하지 않으려면 꼭 정리해 둬야 합니다.

말하기,
굳이
잘해야 할까?

초등 영어에서는 말하기 비중이 꽤 높습니다. 당장 초등학교 영어 수업을 보면 말하기와 활동이 대부분을 차지하고, 학원 수업도 말하기 활동을 비중 있게 다룹니다. 그렇다 보니 초등 아이는 '영어를 잘한다'는 의미를 '영어로 유창하게 말한다'로 여깁니다. 언어를 익힐 때는 호감과 자신감이 매우 중요한데 이 시기에 영어로 말하기 습관을 다져두면 영어에 대한 호감과 자신감이 매우 높아집니다. 한 번 생긴 호감과 자신감은 쉽게 낮아지지 않아 중·고등 영어까지 어렵지 않게 해나갈 수 있도록 돕습니다. 그만큼 중요한 말하기 능력은 어떻게 기를 수 있는지 살펴보겠습니다.

일상에서 시작하기

가족이나 친구들과 평소 영어로 소통하는 게 가장 좋습니다. 영어로 소통할 수 있는 사람이 주변에 많으면 많을수록 좋습니다. 굳이 애쓰지 않아도 생활하면서 자연스럽게 영어를 익힐 수 있는 가장 좋은 방식입니다. 하지만 한국에서 원어민 환경을 갖출 수 있는 가정은 매우 드뭅니다.

차선으로 생각해 볼 수 있는 방식은 영어로 된 영상물을 보면서 상황에 몰입하고, 그 상황에서 어떤 표현이 쓰이는지 관찰한 후 따라 해보는 방식입니다. 여기에 '영어로 생각하기'를 더해야 합니다. 수시로 주변에 있는 사물이나 주변에서 벌어지는 일을 어떻게 영어로 표현할 수 있을지 생각해야 합니다. 생각이 막히면 이것저것 찾아보며 일상적 표현 능력을 길러야 합니다. 평소 생활하면서 겪는 일을 영어로 어떻게 표현하는지 끊임없이 생각하고, 부족한 것이 있으면 찾아서 정리하는 방식입니다.

경험과 생각 끌어올리기

말을 잘한다는 게 무엇일까요? 물론 일상 대화를 잘하는 것도 중요합니다. 하지만 일상 대화에는 간단한 질문과 단답형 답변이 많아, 말이 자연스러운지 여부는 알아도 말이 능숙한지 여부는 알 수 없습니다. 보통 감탄사가 터져나오는 말은 자신의 생각이나 의견을 말할 때 근거를 기반으로 명쾌하게 정리해서 쉽게 풀어 전달하는 경우입니다.

20년간 하버드대에서 가장 인기 있는 강의로 꼽힌 마이클 샌델 교수의 '정의(Justice)' 강연 중 '9강 소수집단우대정책(ARGUING AFFIRMATIVE ACTION)' 영상을 살펴보며 말을 잘한다는 게 무엇인지 살펴보겠습

정의(Justice)
강의 중에서

니다(영상은 유튜브에서 'Justice: What's The Right Thing To Do? Episode 09: "ARGUING AFFIRMATIVE ACTION"'을 검색하면 볼 수 있습니다).

영상을 보면 소수집단우대정책에 대한 찬반 의견을 다양한 학생의 입을 통해 들을 수 있습니다. 그중 11분 5초에서 20초 사이에 나오는 학생은 "you know"나 "I was like"와 같은 의미 없는 어구(filler words) 없이 깔끔한 문장으로 의견을 정리해 발표합니다. 그래서인지 여러 학생의 박수를 받는 모습을 볼 수 있습니다. 말을 잘하는 학생의 예입니다.

이 학생은 말솜씨가 뛰어나 박수를 받은 게 아닙니다. 이 학생의 발표를 들어보면 강의에서 나올 내용을 미리 점검하고 이 문제에 대해 충분히 고민해 봤다는 것을 알 수 있습니다. 반대 의견에도 빠르고 적절하게 답하는 걸로 봐서는 반론에 대해서도 미리 충분히 훑어보고 고민한 흔적이 보입니다. 반대 의견과 관련하여 근거가 되거나 논거가 될 만한 글을 많이 찾아 읽어봐야 답할 수 있는

내용들입니다.

이처럼 말을 잘하려면 평소에 글을 많이 읽고 타인의 의견도 많이 들어보고 많은 생각을 해봐야 합니다. 그런 과정이 없으면 다른 사람들의 마음을 움직일 정도의 말을 할 수 없습니다. 말은 결국 나를 드러내는 방식이고, 말을 잘하려면 나 자신이 먼저 성장해야 합니다. 이런 종류의 말하기 능력은 많이 읽고, 많이 생각하고, 자신이 생각한 것을 말하거나 글로 옮겨보고, 그것을 또다시 스스로 비판해 보는 과정을 무수히 겪고 나서야 비로소 얻을 수 있습니다. 이것이 바로 말을 잘하는 방법입니다.

억양에 지나치게 신경 쓰지 않기

말하기에서 발음(pronunciation)은 의사를 정확하게 전달하기 위한 필수 요소이므로 신경 쓰며 익히라고 합니다. 반면 억양(accent)은 너무 신경 쓰지 말라고 합니다. 억양까지 고려해서 익히려고 하면 더 중요한 것을 놓치기 쉽고, 애를 써서 익힌다고 해도 효용이 떨어지기 때문입니다.

부모님들이 원하는 미국 동부 억양은 익히기 어렵습니다. 특별히 까다로워서가 아닙니다. 우리 아이들은 미국 동부 출신 원어민이 아니라 한국인에게 둘러싸여 살고 있기 때문입니다. 서울에 살면 표준어는 물론 서울 특유의 말투와 억양을 익힐 수 있습니다.

반대로 부산에 살면 표준어를 쓴다 하더라도 부산 특유의 억양이 섞입니다. 서울에 살더라도 부모와 친인척이 지방 사람이면 서울 말에 지방 억양이 섞입니다. 미국도 마찬가지입니다. 말투나 억양이 크게 동서남북으로 나뉘고 인종에 따라서도 다르게 나타납니다. 이렇게 억양이 다양하지만 억양 때문에 말뜻을 못 알아듣는 경우는 드뭅니다. 억양을 지나치게 신경 쓰지 않아도 괜찮고, 미국 동부 억양에는 더욱 집착할 필요가 없다고 하는 이유입니다.

무엇보다 억양은 애써 익혀도 효용이 떨어집니다. 실생활은 물론 우리나라 입시 체계에서는 억양이 드러나는 말하기를 평가받는 경우가 드물기 때문입니다. 이런 이유 때문인지 영어권 국가에서 살다 온 부모님은 아이들에게 말하기를 자연스럽게 익히게는 해도 따로 시간을 들여 공부시키지는 않습니다. 그럴 시간에 읽기와 쓰기를 시킵니다. 말하기는 필요할 때 그 지역에 가서 배우는 게 효과적이라고 여기기 때문입니다. 반면 읽기와 쓰기는 평가받을 일도 많거니와 유학을 가더라도 그대로 써먹을 수 있어 효용이 높다고 여겨 집중하는 편입니다.

정리하면 한국에서 입시를 치를 아이라면 말하기보다는 읽기와 쓰기에 집중하고, 그럼에도 말하기를 따로 익힐 때는 억양보다 발음이나 내용에 더 신경 써야 합니다. 누구에게나 시간은 한정되어 있으므로 영역별로 효율적으로 시간을 배분해야 합니다.

3

시기별로 무엇에
집중해야 할까?

대치동 영어 완전학습 로드맵

실용 영어와
입시 영어는
무엇이 다를까?

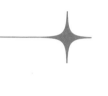

시기별 영어 공부법을 짚기 전에 영어의 양방향 공부법인 언어적으로 접근하는 방법과 학과목으로 접근하는 방법에 대해 먼저 살펴보겠습니다. 흔히 말하는 실용 영어와 입시 영어입니다.

영어를 언어로 접근하는 자연스러운 공부법, 실용 영어

영어는 의사소통을 하는 데 쓰이는 언어이므로, 듣기와 말하기가 핵심입니다. 따라서 아이가 영어로 말하고 들으며 의사소통할 수 있는 능력을 갖추길 바라는 부모의 마음은 당연합니다.

가족끼리 영어로 소통하기

영어를 언어로 자연스럽게 익히려면 영어로 의사소통할 수 있는 환경을 만드는 게 최우선입니다. 우리가 어렸을 적 모국어인 한국어를 배울 때처럼 가족이 항상 말을 걸어주고 소통하려고 시도하는 것입니다. 가장 확실하고 효과적인 방법이지만 평범한 한국 가정에서 적용하기 힘든 방법입니다. 가족 구성원 모두가 영어를 한국어보다 편하게 구사하는 경우는 드물기 때문입니다. 차선책을 찾아야 합니다.

영어권에 거주하며 생활하기

차선책은 영어권에 5년 이상 거주하면서 현지인과 어울려 지내거나 영어권 학교에 다니는 것입니다. 초등 저학년 이전에 영어권에서 생활한 아이는 발음과 억양이 현지인과 거의 같습니다. 발음과 억양을 매우 중요하게 여기는 부모라면 뿌듯할 것입니다. 사실어리면 어릴수록 빠르고 쉽게 영어를 익힐 수 있습니다. 다만 한국으로 돌아와 한국어로 소통하며 살다 보면 순식간에 잊어버리므로 지속적으로 관리해야 합니다.

중학생이 된 이후에 영어권에 가서 생활하거나 학교를 다닌 경우라면 발음이나 억양이 원어민과는 꽤 차이가 납니다. 대신 한국으로 돌아와서 생활해도 현지에서 얻은 영어 능력이 쉽사리 사라지지 않습니다. 물론 같은 영어권 학교를 다녀도 수업만 영어로 들고 남는 시간에는 주로 한국인들과 어울리며 보낸다면 실용 영어 능력은 기대한 만큼 길러지지 않습니다.

국제학교나 외국인학교 다니기

외국으로 나갈 수 없다면 국제학교나 외국인학교에 다녀도 좋습니다. 하지만 두 학교는 입학 조건이 까다롭습니다. 대개 부모나 학생이 외국인이거나 영어권에 몇 년 이상 거주해야 입학할 수 있습니다. 학교에서 영어만 쓰기 때문에 이미 영어를 잘하는 아이라야 입학해서도 문제가 생기지 않습니다. 물론 부모와 아이가 모두 한국인이거나 영어권에 짧게 거주했거나 영어를 잘하지 못해도 입학을 허가하는 곳이 있습니다. 하지만 입학 기준이 낮은 학교에는 내 아이와 비슷한 수준인 아이들이 많다 보니 수업만 영어로 받고 일상생활을 할 때는 한국어로 소통해 자연스럽게 영어를 익히기가 어려워집니다. 부모들은 아이가 당장은 영어를 못해도 국제학교나 외국인학교에 가면 저절로 영어를 잘하게 될 거라 기대합니다. 하지만 막상 보내보면 시간이 흘러도 기대한 만큼 결과가 나타나지 않습니다. 수업만 영어로 들어서는 결코 원하는 목표에 다다를 수 없습니다.

영어만 쓰게 하는 학원 다니기

국제학교나 외국인학교에 보낼 수 없다면 영어만 쓰는 학원을 선택할 수 있습니다. 수업을 영어로 하고 수강생들끼리 영어로만 대화할 수 있게 하는 곳으로, 영어유치원과 어학원이 대표적입니다. 영어로 의사소통을 어느 정도 할 수 있는 아이라면 점진적으로 영어 실력을 향상시킬 수 있는 곳입니다. 하지만 영어로 의사소통하기 어려운 아이라면 지도 선생님과 아이 성향에 따라 성장 속도가 천차만별인 곳이기도 합니다. 유학 생활이나 국제학교 생활에 비해 영어에 노출되는 시간이 적고 영어 사용 빈도도 낮기 때문입니다.

영어를 언어로 자연스럽게 배우는 방법은 정돈된 지식을 학습하는 방식이 아닙니다. 따라서 학습자 스스로 감을 잡고 정리해 나가며 습득해야 합니다. 보통 감을 잡는 데는 상당한 시간이 필요하고, 감을 잡기 전까지는 가시적인 성장이 이루어지지 않습니다. 감을 잡기까지는 일정 시간 이상의 영어 노출이 필요한데 학원에서만 영어에 노출되면 그만큼 시간이 오래 걸립니다. 당연히 감을 잡지 못한 채로 학원만 다녀서는 늘지 않는 게 영어입니다. 실제로 학원을 몇 년 동안 다녔다는데 여전히 입을 떼지 못하고 글을 편하게 읽지 못하는 아이들이 많습니다.

학원을 오래 다녀도 영어가 늘지 않는 또 다른 이유로는 학습자 수준에 맞춰 반을 나누기 때문입니다. 잘하는 아이들은 잘하는 아이들끼리 모여 있어 서로 소통하며 더 빨리 실력을 늘리지만, 못하는 아이들은 못하는 아이들끼리 모여 있어 영어로 소통하지 못한 채로 시간을 흘러보냅니다. 이렇게 되면 수준이 낮은 반 아이들은 선생님과 수업할 때만 영어를 습득하게 됩니다. 일 대 다수의 소통에 탁월한 능력이 있는 선생님이라면 극복할 수 있지만 그런 선생님은 많지 않습니다. 보통 선생님 1인당 아이가 10명 내외인데, 이렇게 되면 아이들은 1시간 수업을 들어도 10분도 소통하지 못합니다. 선생님 역량에 따라 학생의 성취도가 극명하게 갈리는 이유입니다.

화상영어나 전화영어

화상영어나 전화영어를 보조적으로 쓰는 경우도 많습니다. 하지만 두 방식은 모두 자연스럽게 영어를 익히는 데 한계를 보입니다. 같은 상황을 공유하는 사람과 영어로 소통하는 것이 아니기 때문입니다. 영어를 언어로 자연스럽게 습득하는 방법은 상황 공유를 전제로 거시적인 차원에서 환경을 조절하는 것이지, 개별 사례에서 작위적인 방법을 통해 습득의 효율성을 높이고자 하는 게 아닙니다. 작위적인 설정 자체가 자연스러움에서 벗어나는 방식이고 이미 학습 메커니즘이 발현되는 공부라고 봐야 합니다. 선생님의 진행 능력, 아이의 의지나 노력에 따라 달라질 수 있지만 화상영어나 전화영어는 결국 실용 영어와 학습 영어를 절충한 방식이라고 봐야 합니다.

원어민 과외

원어민 과외 선생님이 집에 방문하는 경우도 있습니다. 말하기와 듣기가 어느 정도 되는 아이라면 일주일에 4시간 정도만 해도 가시적인 효과가 있는 방법입니다. 반면 말하기와 듣기가 서툰 아이라면 일주일에 10시간 이상은 해야 효과가 납니다.

주의할 사항도 있습니다. 영어로 소통이 자유로운 아이라면 선생님과 마주 앉아 이런저런 대화를 하면서 회화 실력을 높이겠지만, 영어가 서툰 아이라면 선생님과 마주 앉는 순간 꿀 먹은 벙어리가 됩니다. 이런 경우에는 선생님이 자신의 이야기를 충분히 하고 아이에게 질문하는 방식으로 수업이 이루어집니다. 그런데 대답이 없거나 대답한다 해도 단답형인 경우가 많습니다. 시간이 흐를수록 대화 소재는 고갈되고 선생님 혼자 말하는 시간이 길어집니다. 기껏 회화 능력을 길러주려고 원어민 선생님을 불렀는데 대화가 오가지 않으니 선생님과 아이는 더 힘들어지고 부모는 실망스럽기 그지없습니다.

대화로 이끌기 어렵다고 여겨지면 차선책으로 읽기 교재나 어휘 교재를 선정하여 선생님이 가르치듯 설명하는 방식으로 넘어가기도 합니다. 하지만 이 방식은 학원에서 수업을 듣는 방식과 다르게 없습니다. 학원에 비해 비용은 높은데 효과는 비슷하니 오래 갈 수 없는 방식입니다.

아직 영어로 입이 트이지 않은 아이라면 원어민 선생님과 아이가 함께 할 수 있는 활동을 준비해야 합니다. 언어는 직관적인 사물이나 상황에서 시작해 추상적인 내용으로 넘어가며 습득해야 자연스럽습니다. 당장 눈에 보이는 사물에 대해서도 편하게 이야기하지 못하는 아이라면 원어민 선생님과 눈에 보이지 않는 추상적인 상황을 그리며 이야기하기가 어렵습니다. 따라서 같이 맛집에 가든 집에서 팬케이크를 만들어보든 일상을 공유하며 영어를 접하게 해줘야 합니다.

같이 밥을 먹으러 나가서 원어민 선생님이 "Sit here.(여기에 앉아.)"나 "This is a spoon.(이것은 숟가락이다.)" 등의 말을 상황에 맞게 말하면 아이가 이를 듣고 반응하면서 영어를 익힐 수 있도록 도와야 합니다. 상황이나 맥락을 배제한 채 자연스럽게 영어를 익힐 수 없다는 것을 기억해 주세요.

영어를 학과목으로 접근하는 현실 공부법, 입시 영어

영어는 일상적으로 듣고 말할 때 사용하는 실생활 언어이지만 학과목이자 지식을 탐구하는 데 사용되는 학문의 도구이기도 합니다. 대다수 한국인은 일상적인 상황에서 영어로 말하기와 듣기를 할 기회가 많지 않습니다. 따라서 우리에게 현실적으로 더 쓸모가 있는 방식은 학과목으로 영어를 익히는 방식입니다. 흔히 말하는 입시 영어로, 자연스러움과는 거리가 멀고 의식적인 노력을 통해 학습이 이루어지는 방식입니다. 체계적이고 효율적으로 학습해야 하므로 어휘, 읽기, 문법, 쓰기, 듣기로 나눠서 접근하며 말하기조차 학습 대상으로 삼습니다.

　말하기와 듣기를 중심으로 한 실용 영어는 학습 능력과 상관없이 누구라도 익힐 수 있는 방식입니다. 모국어인 한국어를 떠올리면 쉽게 이해할 수 있습니다. 일상적인 말하기와 듣기는 누구라도 어려워하지 않으며 수준 차이가 크지 않습니다. 일상 대화에는 상황과 맥락이 이미 주어져 있어서 웬만해서는 잘못 알아듣거나 잘못 말하지 않기 때문입니다. 하지만 학과목으로서의 국어는 다릅니다. 잘하는 아이와 못하는 아이가 뚜렷하게 구분됩니다. 국어를 만점 받는 아이도 있지만 50점을 밑도는 아이들도 꽤 있습니다.

　영어도 마찬가지입니다. 영어를 순수하게 언어로 접근할 수 있는 환경을 장시간 제공하면 말하고 듣는 능력이 대동소이합니다. 하지만 학문적인 영어 능력은 같은 환경에서 공부를 해도 성향 및 적성이 다르기 때문에 사람마다 큰 차이를 보입니다. 어떤 방법으로 영어를 배울지 정하기 전에 이러한 방법상의 특징을 알면 도움이 됩니다.

어휘와 문법 중심의 수업과 공부

　입시 영어를 시작하는 시기는 보통 초등 고학년입니다. 일단 어휘, 읽기, 문법, 쓰기, 듣기로 영역을 나눠서 가르치며 학원이나 선생님마다 영역별 비중을 달리합니다. 이런 학원 중 상당수는 단어와 문법에 무게를 두고 다른 영역은 부수적으로 다룹니다. 그리고 배운 것을 철저하게 적용하는 식으로 영어를 습득시킵니다. 다시 말해, 사고를 시작하게 하는 재료인 단어와 이 단어들이 합쳐져서 문장을 이루는 원리인 문법을 체계적으로 배운 후에 읽기와 듣기를 겸해가며 배운 것을 적용하는 훈련을 합니다.

이 방식은 얼핏 보면 매우 짜임새 있어 보입니다. 상황을 공유하며 직관적으로 표현을 습득하는 이멀전(immersion) 교육 방식으로 공부한 게 아니라면 자신이 접하는 문장에서 모르는 단어의 개수가 많으면 많을수록 의미를 해석하기 힘들어합니다. 단어를 모르면 답이 없습니다. 이런 이유로 의식적으로 단어를 외우게 하는 것입니다. 한국어에서 한자어와 비슷한 기능을 하는 영어의 라틴어 어원이나 접두사 및 접미사를 가르쳐서 단어를 더 잘 기억하게 하며 처음 보는 단어의 의미를 유추할 수 있게 하는 교육도 합니다.

단어만 안다고 해서 문장의 의미를 정확히 알 수 있는 것이 아니기에 이 단어가 조합되어 문장에서 의미를 형성하는 규칙인 문법(구문)도 이론적으로 가르쳐줍니다. 여기에 더해 어떻게 쓴 문장이 정확한 문장인지를 판단하는 기준인 문법을 가르쳐주고 제대로 적용할 수 있도록 훈련합니다. 수업 중에는 대부분의 시간을 이론을 설명하는 데 할애하고, 읽기·듣기·쓰기 과정은 배운 것을 잘 활용하고 있는지를 점검하는 식으로 접근합니다.

이해력이 높고 성실한 아이들이 입시 영어 방식으로 배우면 빠르게 성장합니다. 영어를 언어로 자연스럽게 습득하는 경우보다 아는 단어의 개수를 빠르게 늘릴 수 있으며, 문법에 맞는 전형적인 문장을 구사할 수 있고, 패턴에 맞게 쓰인 문장은 조금 길어도 쉽게 이해합니다.

입시 영어 방식의 단점은 전형적인 틀에서 벗어난 문법이나 문장에 대한 적응력이 떨어진다는 점입니다. 다양한 대화나 지문을 충분히 습득하는 방식으로 훈련한 게 아니라 패턴을 이해하는 방식으로 훈련하기 때문입니다. 충분히 읽고 말하는 방식이 아니어서 지문을 읽는 속도가 느리다는 점도 큰 단점입니다. 글을 빨리 읽으려면 일단 많이 읽어봐야 합니다. 문법을 잘 안다고 해서 글을 빨리 읽는 게 아닙니다. 읽기 속도는 철저하게 독서량에 비례합니다. 중·고등학교 내신 시험이나 수능에서는 제한된 시간 내에 글을 빨리 읽어낼 수 있어야 합니다. 따라서 독서 시간을 별도로 확보해서 단점을 보완해야 합니다.

문법도 마찬가지입니다. 문법은 문장을 이해하는 데 상당한 도움을 주지만 모든 문장이 문법에 딱 맞게 떨어지는 건 아닙니다. 다양하게 응용되어 쓰이고, 예외로 비켜나가는 문장도 꽤 있습니다. 따라서 문법에서 벗어난 부분은 경험적으로 채워나가는 과정이 필요합니다. 단어 역시 암기해서 늘린 경우라면 뜻 정도만 알고 넘어가는 경우가 많습니다. 예문도 한두 개 정도만 알려주므로 실제 지문에서는 100퍼센트 적용되지 못하는 경우도 많습니다. 단어를 외우고 단어 시험에서 통과하는 것은 어휘 학습의 첫 단계이지 완성이 아닙니다. 마찬가지로 다양한 지문을 읽으면서 해당 어휘가 어떻게 쓰이고 응용되는지 스스로 채워나가야 합니다.

책 읽기 중심의 수업과 공부

초등 고학년을 대상으로 하는 어학원에서는 주로 책을 읽고, 읽은 내용에 대해 토론하고, 글을 쓰는 방식으로 진행합니다. 읽은 내용에 대해 이야기를 나누기 때문에 실용 영어적인 측면도 있지만, 읽고 쓰고 생각을 정리하는 데 대부분의 시간을 할애하기 때문에 학습용 영어에 가깝습니다. 이 방식은 다독을 기반으로 하기 때문에 글 자체에 친숙해지며 읽는 속도도 빠르게 개선됩니다. 모든 공부의 기본인 읽기 능력을 강화하는 방식이라 장기적으로 보면 영어 실력을 높이는 데 가장 좋은 방법입니다. 대치동의 초등 고학년 아이들 중에는 영어 실력이 일반 대학생과 견주어도 부족하지 않은 아이들이 있습니다. 이런 아이들은 대부분 이 방법으로 영어를 잘하게 된 경우입니다.

다만 이 방식에서는 아이가 책 읽기 과제를 충실히 수행했다고 전제한 상태에서 수업을 진행합니다. 따라서 아이가 스스로 책을 읽어낼 수 없는 경우, 책 읽기를 따로 관리받지 못하는 경우, 예·복습을 소홀히 하는 경우에는 효과가 떨어집니다. 물론 문법 중심 수업도 학습자가 예·복습을 하지 않으면 효과가 떨어지지만, 책 읽기 중심 수업과는 비교할 수 없습니다. 문법 중심 수업은 교사가 주도하는 수업이지만, 책 읽기 중심 수업은 아이가 주도하는 수업이기 때문입니다.

수업 시간에 설명과 토론이 진행될 때 책을 읽은 아이는 수업에 깊게 다가가지만, 책을 읽지 않은 아이는 튕겨나갑니다. 또한 수업의 호흡이 길기 때문에 잠깐 집중하는 것으로는 얻어갈 것이 별로 없습니다. 호흡이 길다는 말은 선생님이 요점을 정리해서 짧은 시간 동안 전달하는 방식이 아니라 학습자 스스로 시간을 들여 단서를 조합하며 큰 그림을 완성하는 방식이라는 말입니다. 능동성과 적극성이 따르지 않으면 수박 겉핥기식 학습에 머물기 십상입니다.

독해와 문법 중심의 수업과 공부

독해와 문법을 중심으로 수업하는 곳도 많습니다. 중·고등학생이 다니는 학원 상당수가 여기에 속합니다. 독해는 원서 읽기 방식과 문제집을 푸는 방식으로 나뉘는데, 중학생 때는 두 가지를 병행하다 고등학생 때는 문제집만 푸는 방식으로 진행됩니다.

독해 문제집은 수능 수준의 짧은 지문을 읽은 후 근거를 찾아 문제를 풀도록 구성되어 있습니다. 따라서 감각적으로 글을 읽던 사람도 논리적으로 글을 읽고 분석하는 능력을 기를 수 있습니다. 원서와 달리 지문 길이는 짧지만 기승전결이 다 담겨 있는 지문이라

중간에 끊기는 일 없이 지문 단위로 학습을 매듭지을 수 있습니다. 뿐만 아니라 수용적으로 글을 바라보던 아이도 비판적으로 글을 바라보는 계기가 되기도 합니다. 문제를 풀고 채점하는 과정은 단순히 글만 읽는 것보다 자극적인 활동이라 글 읽기에 흥미를 느끼지 못했던 아이도 집중해서 읽게 하는 효과를 내기도 합니다. 무엇보다 수능을 비롯한 대다수 영어 시험에서 독해 문제가 중심이므로 다양한 시험에 대비할 수 있다는 점이 큰 장점입니다.

다만 이 방식으로만 공부하면 다독과 점점 멀어집니다. 독해 문제집에 있는 지문은 아무리 길어도 한 쪽을 넘기지 않습니다. 이렇게 문제집 지문만으로 독해 훈련을 하다 보면 긴 글을 진득하게 읽기가 힘들어집니다. 또한 짧은 지문만 읽으면 단기간에는 독해 실력이 늘지만 어느 순간 정체가 옵니다. 짧은 지문만으로는 독해 속도를 올리거나 깊게 읽는 데 한계가 오기 때문입니다. 책 읽기를 따로 챙기라고 하는 이유입니다.

문법 수업은 대상이 중학생이냐 고등학생이냐에 따라 다르게 진행됩니다. 중등 과정에서 주로 쓰는 교재는 문법 주제를 12개 또는 16개로 나누고 각각의 이론을 설명한 후 문제를 풀도록 구성되어 있습니다. 종합적으로 판단할 준비가 되어 있지 않은 아이들에게 소화하기 쉬운 형태로 쪼개서 하나씩 먹여주는 방식입니다. 이 방식은 읽거나 들으며 어렴풋하게 형성된 개념을 체계적으로 정리하는 데 효용이 높습니다. 활용 능력을 높이려면 문법 이론을 적용한 글쓰기를 병행하면 좋습니다.

　고등 과정에서 쓰는 교재는 문법 이론을 종합해서 간결하게 정리하고 다양한 문제를 풀게 하는 식으로 구성되어 있습니다. 아예 문제만 모아놓은 교재를 쓰기도 합니다. 고등학생 정도라면 품사와 문장성분, 구와 절 개념이 이미 형성되었다고 전제하고 수업을 진행하는 것입니다. 문제는 고등학생의 2/3 이상이 품사와 문장성분에 대한 개념을 명확하게 잡고 있지 않다는 것입니다. 이런 아이들에게 문제 풀이식 문법 수업은 밑 빠진 독에 물 붓기입니다.

　영문법은 수학과 마찬가지로 앞 단계 내용을 탄탄하게 다지지 않은 채 다음 단계로 넘어가면 아무리 애써도 좀처럼 실력이 늘지 않습니다. 기초가 부족하거나 앞 단계 내용에 구멍이 있다면 이 부분을 메우는 공부를 병행해야 합니다. 중·고등 내신 시험의 변별력 있는 문제 중 상당수가 문법 문제입니다. 흔히 말하는 킬러 문제는 자연스럽게 습득한 문법을 통해서 해결하는 것이 사실상 어렵습니다. 서술형을 쓸 때도 수업용 문법(school grammar)으로 불리는 문법 정석에 맞게 써야 하므로 문법을 따로 정리하지 않으면 영어 내신 시험에서 고득점을 받기 어렵습니다. 한국에서 학교에 다니는 이상 반드시 해결하고 가야 할 지점입니다.

　지금까지 실용 영어와 입시 영어를 살펴보았습니다. 그리고 한국에서 살아가는 대다수 사람들이 두 방식을 조화롭게 활용하는 현실적인 방법에 대해 이야기했습니다. 이 내용들을 참고해서 영어를 배우려는 목적과 학습 환경 및 학습자의 특성에 맞는 방법을 찾아가길 바랍니다.

시기별
로드맵은
따로 있다?

　이 글을 읽는 독자들 대부분은 한국에서 살며 아이들을 한국 학교에 보내고 있을 것입니다. 따라서 의사소통을 위한 영어의 기반을 닦으면서 입시에도 성공하는 현실적인 방법을 시기순으로 이야기해 보겠습니다.

미취학 아동

　영어 노출을 조금씩 늘리는 방식으로 영어를 맛보게 하는 시기입니다. 이 시기에 아이가 영어에 흥미를 보이면 부모는 기대하는 마음이 커지고, 아이가 영어에 흥미를 보이지 않으면 부모는 걱정하는 마음이 커집니다. 그래서 아이를 영어유치원(유아 대상 영어학원을 부르는 말)에 보내야 할지 고민하는 시기이기도 합니다. 영어유치원에 보내기로 마음먹은 후에도 학습식 영어유치원에 보낼지 놀이식 영어유치원에 보낼지 또 고민합니다. 그런데 이게 그렇게까지 고민할 일은 아닙니다. 당장은 영어유치원에 다니는 아이가 일반 유치원에 다니는 아이보다 발음도 좋고 실력도 나아 보이지만 길게 보면 큰 차이가 없습니다.

아무리 그래도 발음은 확실히 다르지 않냐고 되묻는 분이 있는데, 그 좋은 발음도 일반 초등학교에 입학하면 하나같이 비슷해집니다. 제가 가르치는 고등학생 중 누가 영어유치원 출신이고 누가 일반 유치원 출신인지는 말하지 않으면 알 수 없을 정도입니다. 영어유치원 출신이라고 해서 특별히 발음이나 실력이 좋은 게 아니라는 말입니다.

고등학생이 되어서도 여전히 발음이 좋고 실력도 높은 아이는 영어유치원 덕이 아닙니다. 초등학교에 입학한 이후에 누구에게 배웠는지, 어떤 방식으로 익혔는지, 얼마만큼 투자해 왔는지 등이 훨씬 큰 영향을 미칩니다.

초등 1~4학년

초등 시기에 선택할 수 있는 영어 습득 방법은 크게 엄마표, 학원 가기, 과외 받기입니다. 아이를 가장 잘 아는 엄마가 직접 가르치는 방식인 엄마표는 효과가 매우 뛰어나지만 영어 의사소통 능력과 영어 교수법까지 익힌 부모는 많지 않으므로 섣불리 시작하기 어렵습니다. 과외 역시 개인별 맞춤 방식으로 진행할 수 있지만 비용 부담이 커서 쉽지 않습니다. 지속 가능성을 고려했을 때 가장 현실적인 방식은 학원 가기입니다.

이 시기에 가는 학원은 영어만으로 수업하는 이멀전 방식이 좋습니다. 한국어가 온전하게 자리 잡히지 않은 초등 아이에게 영어와 국어를 매칭시키면서 가르치면 효과가 오히려 떨어집니다. 이 시기에는 직관적으로 배울 수 있는 이멀전 방식이 낫습니다. 보통 이 방식을 쓰는 학원은 분위기가 밝고 활동적이라 아이들도 재미있게 다닙니다. 이왕이면 많이 읽고, 읽은 것에 대해 이야기하고 글을 쓰며, 다양하게 활동하면서 학습 내용을 소화할 수 있도록 돕는 곳이라야 합니다. 특히 글쓰기 첨삭은 자칫 소홀해질 수 있는 부분이므로 학원에 당부해 둬야 합니다.

아이를 학원에 보내더라도 집에서 챙겨야 할 것이 있습니다. 기본은 단어 암기입니다. 집에서 영어를 쓰는 게 아니라면 아이가 자연스럽게 익힐 수 있는 단어에는 한계가 있습니다. 매일 일정량의 단어를 챙기며 외우게 해야 합니다. 물론 학원에서도 단어 시험을 따로 봅니다. 하지만 단어 암기는 워낙 중요한 데다 학원마다 편차가 있으므로 일정량을 외울 수 있게 집에서도 노력을 기울여야 합니다. 무엇보다 학원에서 보는 단어 시험은 따로 반복하지 않기 때문에 아이들은 그때 잠깐 외웠다 잊어버리는 일이 많습니다. 한 번 외운 단어는 잊어버리지 않도록 일정 기간을 정해 반복해서 외워야 합니다. 외운 단어라도 다시 접하는 기간이 길어지면 모두 잊어버려 처음부터 다시 외워야 할 수 있습니다. 이렇게 휘발되는 단어가 늘지 않도록 단어 암기에도 전략을 세워야 합니다. 대다수 아이들은 시험을 보는 단어만 간신히 외우는 정도이므로, 앞 단원에서 외운 단어는 주기적으로 부모가 물어봐 주거나 시험을 봐서 아이가 반복하여 외울 수 있게 도와줘야 합니다. 그래야 투자한 만큼 결실을 볼 수 있습니다.

영어 영상물 보여주기도 집에서 챙겨야 할 부분입니다. 요즘은 넷플릭스, 디즈니플러스, 유튜브 등이 있어서 영어 영상을 보여주는 일이 이전에 비해 훨씬 수월합니다. 영상물을 보여줄 때는 아이가 관심 있어 하는 영상을 보여주되 한국어 자막 없이 보여주길 권합니다. 영어 자막은 보여주기와 보여주지 않기를 번갈아 가면서 하는 것이 좋습니다. 관심 있는 콘텐츠로 인풋(듣기와 읽기)을 늘려주는 게 핵심입니다.

마지막으로 신경 쓸 건, 한 달에 한 번 아이와 함께 서점 가기입니다. 새로 나온 책과 꾸준히 사랑받는 책을 구경하면서 아이가 관심을 보이는 책을 골라오는 것입니다. 현실적으로 초등 시기만큼 책을 많이 읽을 수 있는 시기는 없습니다. 이 시기에 많이 읽을 수 있도록 책을 접할 기회를 최대한 늘려주세요. 초등 시기에 책을 읽히는 목적은 의미 파악이나 독해 정확도가 아닙니다. 책과 친숙해지고 글을 통해 생각할 거리를 넓히는 데 초점을 맞추어야 합니다. 아이가 집중해서 책을 들여다보고 무언가를 생각해 낸다면 그것만으로 훌륭합니다. 단, 준비가 덜 된 아이에게 엄밀한 잣대를 들이밀며 까다로운 책 읽기를 강요하면 아이는 책과 점점 멀어진다는 점을 주의해야 합니다.

정리해 보겠습니다. 초등 1학년부터 4학년까지는 글쓰기 첨삭을 해주는 이멀전식 영어학원에 보냅니다. 이때 집에서는 단어 반복해서 외우기, 영상물 시청하기, 책과 친해지기를 병행합니다. 이 정도만 해줘도 아이는 문법적으로 정확하지 않더라도 말이나 글로 간단한 의사 표현을 할 수 있을 정도가 되고 영어에 익숙해집니다.

초등 5학년~중학교 2학년

초등 5학년부터는 중학교에 입학할 준비를 하고 영어의 언어적 측면에 더해 학습적인 측면을 강화해야 합니다. 문법을 가볍게 시작하기에 적절한 시기입니다. 문법을 배우는 이유는 의사 전달을 정교하게 하고 중·고등학교 시험에 대비하기 위해서입니다. 읽기와 듣기를 하는 것만으로도 문법은 어느 정도 늘지만, 의사소통을 자연스럽고 정확하게 하거나 시험에서 요구하는 문법 수준에 도달하기까지는 힘듭니다. 따라서 문법을 의식적으로 공부하는 과정이 현실적으로 필요합니다.

처음에는 영작문을 첨삭해 주며 문법을 자연스럽게 접하게 합니다. 초등 고학년 시기에는 품사와 문장성분을 익히고, 자신이 읽고 쓰며 어렴풋하게 익혔던 개념이 문법 용어로 어떻게 정리되는지 파악하게 돕습니다. 문장을 구사할 때 안정성을 높이는 정도면 성공입니다.

아이가 품사와 문장성분을 제대로 익혔는지 어떻게 확인할 수 있을까요? 일주일 동안 있었던 일을 영어로 10줄 이상 쓰게 한 다음, 아이가 사용한 모든 단어의 품사와 문장성분을 써보게 하면 바로 알 수 있습니다. 90퍼센트 이상 맞혔다면 초등 시기에 알아야 할 문법은 다 익혔다고 봐도 무방합니다.

영어로 읽고 말하고 쓰다 보면 '이게 맞나?' 싶은 모호한 지점을 자주 만납니다. 이런 부분은 대개 문법에서 바로잡아 줄 수 있습니다. 문법이 가려운 부분을 긁어주는 역할을 하는 셈입니다. 이렇게 자연스럽게 문법을 접하면 문법이 매우 실용적인 역할을 한다는 걸 경험으로 깨닫습니다. 이렇게 문법의 효용을 경험하게 하는 일 역시 초등 시기에 부모가 할 일입니다.

아이가 문법을 처음 배울 때는 부모님이나 선생님이 일대일로 가르치는 과외 방식이 가장 효과적입니다. 문법은 초기에 틀을 만들어줘야 하는데 이게 생각보다 손이 많이 갑니다. 그래서인지 학원을 오래 다녀도 틀이 제대로 형성되지 않아 구멍이 생기는 경우를 자주 봅니다. 사정이 여의치 않아 아이를 학원에 보내야 한다면 소수 정예로 관리가 잘되는 곳을 찾아 보내기 바랍니다. 과외를 선택하는 경우라면 문법에 강점이 확실한 전문 과외 선생님을 구해야 합니다.

보통 4학년까지는 글밥을 늘려가야 하는 시기라 흥미 위주인 이야기책 중심으로 글을 읽습니다. 하지만 5학년이 되면 이때부터 중학교 입학에 대비해야 하므로 지문을 읽고 문제를 푸는 훈련 비중도 천천히 높여야 합니다. 아무리 책을 많이 읽어도 지문을 읽고 문제를 푸는 훈련을 별도로 해주지 않으면 자신이 지닌 능력에 비해 시험 점수를 잘 받지 못하기 때문입니다.

아이들이 영어에 지속적으로 관심을 갖게 하려면 자신감이 매우 중요합니다. 학원에 입학할 때 보는 레벨 테스트, 공인 영어 시험, 중학교에 입학해서 보는 시험에서 낮은 점수를 받으면 자신감이 떨어질 뿐 아니라 영어가 싫어지기도 합니다. 대한민국 교육 체제 속에서 공부한다면 영어로 시험을 보고 평가를 받는 건 피할 수 없습니다. 고등학교 입학 전에 보는 영어 시험은 대학 입시에 활용되는 건 아니지만 아이들이 영어에 대하여 느끼는 감정과 태도에 큰 영향을 미칩니다. 따라서 아이가 사춘기에 돌입하여 자의식이 강해지기 전까지, 좋은 점수를 받을 수 있게 준비해 놓는 것이 좋습니다.

그렇다고 책 읽기를 중단하고 문제 풀기에만 열을 올려선 곤란합니다. 책 읽기는 결과가 바로 보이는 게 아니므로 조바심이 날 수 있습니다. 호흡이 긴 책 읽기는 짧은 지문 읽기에 비해 실력이 느는 게 덜 보입니다. 독해 요령을 익히는 데도 독해 문제집이나 스타 강사의 유창한 설명을 듣는 것보다 못해 보입니다. 이런저런 이유로 입시에 가까워지면 가까워질수록 마음이 급해지므로 아이는 책 읽기와 더 쉽게 멀어집니다. 하지만 진득하게 긴 호흡의 책 읽기를 하면 글 읽는 속도가 빨라지고 독해 문제를 풀 때도 도움이 됩니다. 학원에서 봐도, 문제집에 있는 독해 지문만으로 공부한 학생과 소설 같은 긴 호흡의 글을 많이 읽은 학생 중 긴 호흡의 글을 많이 읽은 학생이 독해 문제를 훨씬 빨리 풉니다.

영어로 쓰인 책을 많이 읽은 학생은 영어 지문 읽기에 더 친밀감을 느낀다는 특징도 있습니다. 독해 문제집으로만 공부한 학생들은 영어 지문을 단지 문제 풀이를 위해 읽어야 하는 대상으로 인식하는 경향이 강하고, 같은 시간 동안 영어로 된 지문을 읽을 때 소설을 많이 읽은 학생들보다 피로감을 더 많이 느끼는 것으로 보입니다. 그래서인지 독해 문제집으로만 영어를 공부한 아이는 영어로 된 글을 오랫동안 읽기 힘들어합니다. 선생님에게 문제 풀이 설명을 들으며 짧은 지문으로 구성된 모의고사형의 독해 문제집으로만 공부한 아이는 선생님들에게 배운 문제 풀이 공식을 자신이 푸는 문제에 적용하려는 경향이 강합니다. 이러한 경향은 전형적이고 쉬운 문제를 풀 때는 도움이 되지만 어려운 문제를 풀 때는 오히려 방해가 됩니다. 전형적인 공식이 통하지 않기 때문이지요. 어려운 독해 문제를 풀 때는 많은 글을 자신의 힘으로 읽은 경험이 필요합니다.

책 읽기를 가로막는 가장 큰 장애물은 스마트폰입니다. 특히 사춘기 아이들은 자기 분신인 양 스마트폰을 손에서 놓지 않습니다. 아이들에게 스마트폰은 휴식처이자 놀이터이자 의사소통 창구입니다. 공부도 공부이지만 스마트폰 때문에 독서를 멀리하는 아이가 많아지는 시기입니다. 독서량이 줄지 않도록 특별히 더 신경 써야 합니다. 그러자면 이 시기가 오기 전에 최대한 많이 읽게 하고 독서가 습관으로 자리 잡히게 신경 써야 합니다. 아이 스스로 독서를 놓을 수 없는 공부 도구이자 휴식처로 여기게끔 도와야 합니다.

말하기 학습까지 유지시켜 주면 좋지만 쉽지 않은 시기입니다. 중학생이 되면 입을 닫는 아이가 많기 때문입니다. 이 시기에는 말하기 학습이 원활하지 않다는 걸 알고 편하게 접근하는 게 좋습니다.

이 시기에 다니는 학원은 시험을 통해 단어 암기를 철저하게 관리해 주고, 책 읽기와 독해 문제집 풀기를 병행하면서 동시에 문법을 잘 정리해 주는 곳이라야 합니다. 비전형적인 중·고등 내신 시험에 유연하게 대처할 수 있도록 글쓰기도 관리해 주는 곳이라야 합니다. 평소에 글을 쓰고 첨삭해 준 후 다시 쓰기까지 관리해 주면 금상첨화입니다.

중학교 3학년

중3부터는 고등학교 입학에 대비해야 합니다. 모의고사를 정해진 시간 동안 푸는 연습을 해야 하고, 자신에게 부족한 부분을 보완할 수 있어야 합니다. 진학하려는 학교 두 군데 정도의 내신 기출 문제를 풀어보면서 대비해야 합니다.

단어는 따로 챙겨야 합니다. 독서만으로는 고등 어휘 수준을 해결하기 힘듭니다. 단어의 어근, 접두사와 접미사를 정리하고 동의어와 반의어를 외워야 합니다. 이렇게 외운 단어는 시간이 흐르면 서서히 잊힙니다. 머릿속에 각인되도록 주기적으로 일정 기간은 반복해서 외워야 합니다.

중3부터는 영어를 실용 영어가 아니라 입시 영어로 바라봐야 합니다. 이렇게 말하면 "어차피 입시 영어에 집중해야 하는 현실이라면 군이 이전에 실용 영어로 접근할 필요가 있느냐?"라고 물을 수 있습니다. 하지만 어렸을 때 영어를 입시 영어로 접한 아이와 실용 영어로 접한 아이는 이 시기에 영어를 대하는 태도가 다릅니다. 입시 영어로 시작한 아이들은 더 쉽게 지치고 힘들어하는 데 반해, 실용 영어로 시작한 아이들은 영어를 자연스럽게 받아들여서인지 스트레스를 덜 받습니다. 뿐만 아니라 수능이나 내신 시험에서도 답을 감각적으로 잘 골라내고, 영작을 할 때도 맞는 문장을 잘 끌어냅니다.

고등학교 입학 후

고등학교에 입학한 후에는 수능과 내신 시험이 영어 학습의 중심에 놓입니다. 두 시험을 잘 보려면 퍼즐 풀듯이 정답을 도출해내는 문제 풀기 능력도 필요하지만, 영어의 저변을 넓히는 훈련도 필요합니다.

대치동을 비롯한 교육 특구의 내신 시험 문제는 영어를 학과목으로만 공부했던 아이들도 잘 보기가 쉽지 않은데, 특히 영어를 실용 영어로만 접했던 아이들에게는 거북한 문제가 많습니다. 영어를 실용 영어로만 익히고 '공부'를 하지 않은 아이들은 가정법과 같은 문법을 제대로 알지 못해서 문법 문제와 서술형 문제를 많이 틀립니다. 가정법을 굳이 언급한 이유는 가정법이 전형적으로 실생활 영어와 수업용 문법(school grammar, 엄밀한 학교 시험용 영어)에서 다르게 사용되는 문법 주제이기 때문입니다.

영어를 언어로 자연스럽게 익힌 아이들은 자신이 많이 접한 문장을 올바른 문법이라고 인지합니다. 하지만 실생활에서 대다수 사람들은 가정법을 틀리게 사용하기 때문에 익숙한 패턴으로 문장을 구사하면 학교 시험에서는 틀리게 됩니다. 문법뿐만이 아닙니다. 영어를 실용 영어로만 접근한 아이들은 문어적 어휘나 시험용 어휘에 구멍이 있을 가능성이 높고, 글을 읽고 내용은 이해하지만 보기 중에서 맞는 답을 고르는 논리적 훈련이 안 되어 있을 가능성이 높습니다. 이는 한국인이 국어 시험을 볼 때 좋은 성적을 장담할 수 없는 것과 같습니다.

단순히 수업을 듣고 문제집만 푼 학생들도 애를 먹는 건 마찬가지입니다. 그동안은 시험의 빈출 표현, 문법, 유형을 중심으로 공부했던 아이들입니다. 중학생 때까지는 성적을 잘 받았을 수 있습니다. 하지만 이 정도만으로는 공부 좀 한다는 고등학교 내신 시험에서 1등급을 받기가 어렵습니다. 실력을 변별하기 위해 아이들이 주로 공부하는 교재에서 벗어난 문제를 여러 문항 출제하기 때문입니다.

예를 들어 어법상 옳은 문장을 전부 고르라는 문항에서 "I had no say in it."이 보기로 나옵니다. say는 주로 동사로 쓰이는 단어라 이 문장처럼 명사로 쓰이는 경우가 드뭅니다. 이 문장의 뜻은 "나는 그것에 발언권이 없었다."로 어법상 맞는 문장이지만, 시중에 나온 문제집만으로 공부해 온 아이들은 시험 범위에도 없는 이런 문장을 틀린 문장으로 여겨 답에서 비켜갑니다.

이런 현상은 교육 특구 내신 시험에서 두드러지게 나타납니다. 수능에서도 비슷한 경우를 자주 봅니다. 보통 4~5등급인 아이라도 공부를 열심히 하면 2등급까지는 올리지만 1등급으로는 좀처럼 올리지 못합니다. 수능 역시 변별력을 높인 문항은 문제집에서 다루는 전형적인 문제에서 벗어난 문항이기 때문입니다.

최소 노력을 들여 최대 점수를 받을 요량으로 수능 영어를 잘 보기 위해 수능 문제집으로만 공부한 학생들은 "That's what friends do."나 "All those movies star Jack." 같은 문장의 뜻을 쓴 사람이 의도한 대로 바로 파악하지 못합니다. "That's what friends do."를 보고 "그것이 친구들이 하는 것이다."로 직역은 하지만 왜 이런 말을 하는지 의도를 모르는 경우가 많습니다. "That's what friends do."는 우리 식으로 생각하면 '친구라면 당연히 그렇게 하는 것이 옳다'는 의도로 표현한 말입니다. 실용 영어로 접한 경험이 있는 아이라면 너무 쉽고 당연하게 파악하지만 영어의 저변이 좁은 아이들은 의도를 파악하기 어려워하는 문장입니다. 수능용 교재에는 자주 나오지 않고 따로 정리되어 있지 않은 표현이기 때문입니다.

"All those movies star Jack."도 마찬가지입니다. 영화 소개 프로그램을 한 번이라도 본 아이이거나 영어 소설을 조금이라도 읽은 아이라면 바로 의미를 파악하고 문법에도 맞는 문장이라는 것을 쉽게 압니다. 하지만 수능용 문제집만으로 공부한 아이들은 저 문장을 읽고 "그 영화들은 모두 잭을 주연으로 한 영화다."라고 해석해 내지 못합니다.

수능용 교재로만 공부한 아이들은 어려운 표현은 오히려 잘 알지만 쉬운 표현은 놓치는 경우가 꽤 많습니다. 영어를 잘하는데 못하는 역설적인 상황이 펼쳐집니다. 문제집으로만 공부한 아이들은 서술형 문제에서도 약점이 드러납니다. 교과서나 부교재 지문의 일부를 지워놓고 쓰라는 문제라면 괜찮습니다. 하지만 공부 좀 한다는 고등학교 내신 시험에는 처음 보는 외부 지문이나 범위를 벗어나는 질문이 등장합니다. 그 자리에서 바로 판단하여 영작할 수 있어야 풀 수 있는 문제가 나오곤 합니다. 이런 영작 능력이 필요한 문제는 학원 수업을 듣거나 문제집을 푸는 것만으로는 풀 수 없습니다. 충분한 훈련을 통해 영작이 몸에 배야 자신이 생각하는 것을 바로 영어로 쓸 때 제대로 된 문장이 나오는 것이지요.

영작 능력은 자연스럽게 습득할 수 없고 학습을 통하여 얻어지는 능력에 가깝지만, 한편으로는 지식이나 이론을 안다고 해서 해결되지 않는 암묵 기억과 밀접한 관련이 있어 흔히 사람들이 말하는 시험공부와도 거리가 멉니다. 따라서 어린 시절부터 글쓰기와 첨삭 지도를 통해 저변을 넓히지 않고 문제집 중심의 공부로 영어를 익힌 아이는 서술형에 취약합니다.

실용 영어 중심으로 영어를 익힌 아이, 원서 읽기 중심으로 영어를 익힌 아이, 문제집으로 영어를 익힌 아이 모두 각자의 약점이 있습니다. 그 약점이 있는 한 수능과 내신 시험을 둘 다 잘 보기는 사실상 힘듭니다. 실용 영어에 대한 노출이 많아서 영어에 능숙하지만 시험은 잘 못 보는 아이라면 영어에는 실용적인 측면과 함께 학문적 측면이 있음을 인지시키고 현재 갖고 있는 실용적 역량 위에 학문적 역량도 쌓아가자는 식으로 지도해야 합니다. 다양한 책 읽기를 통해 영어를 익힌 아이라면 시험의 빈출 유형, 빈출 표현, 빈출 문법을 습득하여 시험에 최적화되도록 도와야 합니다. 문제집

중심으로 공부한 아이라면 중상위권 이상으로 나아갈 수 있게 영어를 폭넓게 익히도록 도와야 합니다.

초등 시기부터 앞에서 제시한 학습 방향대로 진행한다면 한쪽으로 크게 치우치지 않고 영어를 습득할 수 있을 것입니다. 현재 한쪽으로 기울어진 상태라면 균형을 염두에 두고 앞으로의 학습 방향을 정하길 당부합니다.

대학 입학 후

대학에 입학한 후에는 토익과 회화가 영어 공부의 중심에 놓입니다. 토익은 고등학교 때까지 닦아놓은 영어 실력만 있다면 몇 달 정도만 문제 유형을 익히고 빈출 문법과 어휘를 정리해도 900점대 점수를 받을 수 있습니다. 앞에서 제시한 대로 영어를 익히면, 대학 입학 시점을 기준으로 이미 간단한 회화 정도는 할 수 있을 것이고 영어 억양에 익숙해지면 대부분 알아들을 수 있을 정도가 됩니다. 더 나아가, 실전 대화 경험을 통해 큰 어려움 없이 회화 실력을 늘릴 수 있습니다. 기반을 단단히 다져놓았기에 회화 실력이 향상되는 속도가 보통 사람보다 빠를 것입니다.

중학교 때 영어 끝내기가 가능할까?

풍문처럼 떠도는 말 중 하나가 '중학교 때 영어 끝내기'입니다. 제 경험에 따르면 98퍼센트 아이들이 다다를 수 없는 목표입니다. 그런데 왜 다들 할 수 있다고 여길까요? 먼저 '영어를 끝낸다'는 말은 고등학교에 입학한 후에 따로 영어 공부를 하지 않아도 수능과 내신 1등급을 받는 정도를 말합니다. 수능 영어는 절대평가라 1등급 비율이 해마다 차이는 나지만 대략 7퍼센트 정도입니다. 하지만 대치동에서는 1등급을 받는 학생이 30퍼센트 이상인 학교도 많습니다. 내신 영어에서는 학교별로 4퍼센트가 1등급을 받습니다(2025 학년도 고1부터는 10퍼센트). 결국 대치권이든 비대치권이든 수능과 내신에서 모두 1등급 받기가 만만치 않다는 말입니다.

이렇게 어려운 과제를 누구나 할 수 있다고, 당연하다고 받아들이는 이유는 무엇일까요? 어린 학생들을 유치하기 위한 학원들의 불안 마케팅 탓도 있지만, 초등학생이나 중학생 때 고등 모의고사를 풀고 1등급을 받은 경우가 많아서인 탓도 있습니다. 문제는 이 아이들이 푼 고등 모의고사가 수능이 아닌 고1·2 모의고사라는 데 있습니다. 얼마나 차이 날까 싶은데 고1·2 모의고사 난이도와 수능 난이도의 차이는 꽤 큽니다. 초등학생이나 중학생 때 푼 고1 모의고사에서 1등급이 나왔다 해도 방심해서는 안 된다는 말입니다.

초등학생 때 고1 모의고사에서 1등급을 받고 방심하다가 수능에서 1등급이 안 나오는 경우를 자주 봅니다. 보통은 초·중등 시기에 고1 모의고사에서 1등급을 받아도 꾸준히 공부해야 수능 1등급을 겨우 받을 수 있습니다. 정말로 중학교 때 영어를 끝내는 수준에 도달하고 싶다면 고1 모의고사가 아니라 수능 기출문제와 고등학교 내신 기출문제로 확인해야 합니다. 풀어보면 대다수 아이들이 중학교 때 영어를 끝내기가 힘들다는 걸 알아챌 것입니다.

중학교 때 고1 모의고사에서 1등급을 받은 아이가 영어를 끝냈다고 착각하여 영어 학습에 소홀했다가 내신 시험이 까다로운 고등학교에 진학해서 60점도 못 받는 경우를 자주 봅니다. 수시를 준비하는 아이라면 매우 난감한 상황에 빠집니다. 분명 영어를 잘한다고 생각했는데 내신 영어 점수가 형편없이 나오면 대다수 아이들은 내신 영어 시험을 부정합니다. '나는 정시형 인재라 내신 영어 시험 같은 이상한⑺ 시험과는 맞지 않는다.'라고 생각하며 점수를 합리화합니다. 이런 생각을 하면 학교 영어 수업 시간에 집중하지 못하고 겉돌 수밖에 없습니다. 부당한 상황에 놓였다는 생각에 사로잡혀 스트레스를 받기도 합니다. 물론 수능 모의고사 등급은 1등급이지만 내신 1등급인 아이들보다 영어 실력이 부족함을 인정하고 다시 열심히 해보려는 아이도 있습니다. 하지만 인정하는 데까지 걸린 시간과 비례해 공백이 생기고, 그 공백을 만회하기까지 많은 시간이 걸리기도 합니다.

그렇다면 아이들과 부모는 어떤 자세를 취해야 할까요? 고1 모의고사 1등급에 만족하지 말고 어휘, 구문, 독해, 영작 등 영어 실력을 향상시키기 위해 지속적으로 노력해야 합니다. 공부를 잘하는 학교에서는 본 게임이 내신 시험이라는 것도 명심해야 합니다. 특히 강남권이라면 모의고사 1등급이 내신은 3등급인 경우가 흔합니다. 상위권의 승부처가 내신 시험입니다. 내신 시험은 모의고사와 달리 유형이 정형화되어 있지 않습니다. 기출문제 한두 번 푼 것으로 난이도와 유형을 속단해서는 안 됩니다. 다양하게 변화하는 내신 시험에 대응하려면 어휘, 구문, 독해, 영작 등 영어의 기본 능력을 키워야 합니다. 기출 유형에 맞춰 공부한다는 식의 얄팍한 수는 통하지 않습니다. 30퍼센트 이상의 학생이 모의고사 1등급을 받는 학교에서는 그 안에서 10퍼센트를 가려내는 시험 문제를 출제합니다. 이 엄연한 사실을 잊지 말아야 합니다.

중학교 입학 전에
어디까지
해야 할까?

"그래서 중학교 입학 전에 영어는 어디까지 해야 하나요?"라는 질문을 자주 받습니다. 영역별로 대답해 드리겠습니다.

책 읽기

100쪽이 넘는 영어책을 100권가량 읽어둬야 합니다. 대치동 아이들 중 영어를 잘하는 아이들의 90퍼센트 이상은 영어책 100권을 읽은 아이들입니다. 제가 10년 이상 대치동 학원가에서 아이들을 가르치며 목격한 사실입니다. 100권 정도는 읽어야 영어로 써진 글에 익숙해져 빨리 읽기도 가능해지기 때문입니다.

책 읽기는 글을 빠르고 정확하게 읽는 능력뿐 아니라 어휘력, 작문력, 문법력 등 영어 실력 전반에 막대한 영향을 끼치므로 영어를 잘할 수 있는 가장 확실한 방법입니다. 다만 100권 분량의 책을 읽어내려면 시간적으로나 심리적으로 여유가 있어야 하는데, 그러자면 초등 시기를 잘 잡아줘야 합니다. 중학생이 되면 부모와 아이 모두 조바심이 납니다. 더 이상 편안하게 책 읽기에 집중하지 못합니다. 적어도 중학교 입학 전까지는 집중해서 책 읽는 시기를 확보해야 하는 이유입니다.

어떤 책을 읽든 별 상관이 없습니다. 책을 많이 읽은 아이들도 읽은 책의 종류는 각양각색입니다. 제 경험에 따르면 검증된 권장 도서이든 아니든 별 영향이 없습니다. 평판이 좋은 책이라도 아이가 흥미를 보이지 않으면 강요하지 말아야 합니다. 가장 좋은 책은 아이가 좋아하는 책입니다. 좋아하는 책이라야 오랜 시간 집중해서 읽을 수 있습니다.

"꼭 100쪽이 넘는 책을 100권 읽어야 하느냐?"라고 묻는 분이 많습니다. 아닙니다. 100쪽과 100권은 분량에 대한 감을 대략이라도 잡아야 해서 말한 것입니다. 쪽수에 신경 쓸 필요 없고, 아이가 재미를 느끼는 책이면 됩니다. 세상에 떠도는 무수히 많은 영어 학습 방법 중 가장 확실한 방법은 책 읽기입니다. 그러니 여기저기 휩쓸리지 말고 일단 영어책 100권 읽기를 시작하길 권합니다.

문법

책 읽기와 더불어 문법을 익혀야 하는데 그중 품사와 문장성분을 확실히 익혀둬야 합니다. 시중에 나온 문법서를 보면, 하나같이 품사와 문장성분이라는 도구를 통해 개념을 설명합니다. 품사와 문장성분은 수학으로 치면 더하기·빼기와 같습니다. 더하기와 빼기 개념을 설명하는 데는 아무리 길어도 한 시간이 걸리지 않습니다. 학습자 역시 개념을 익히는 데 한 시간이 걸리지 않습니다. 그렇지만 더하기와 빼기를 정확하게 적용하기까지는 1년이 넘는 훈련 시간이 필요합니다. 품사와 문장성분도 마찬가지입니다. 개념을 설명하고 이해시키는 데 한 시간이 채 걸리지 않습니다. 하지만 개념을 체화하여 정확히 구분하고 적용할 수 있으려면 1년 남짓한 훈련이 필요합니다.

품사와 문장성분은 문법을 시작하는 기초입니다. 흔히 기초라고 하면 쉽다고 여기는데 쉬워서 기초가 아니라 다른 문법을 소화하는 데 기반이 되기 때문에 기초입니다. 배운 개념을 자신이 읽는 글에 실제로 적용하는 것은 잦은 시행착오와 오랜 훈련이 있어야 가능합니다. 자신이 읽고 이해하는 글의 품사와 문장성분을 80퍼센트 이상 정확히 파악할 수 있다면 어느 정도 궤도에 오른 것입니다. 이 상태로 중학교에 입학하면 학교 문법 수업을 대부분 이해할 수 있고, 이해되지 않는 부분은 스스로 문법 책을 보고도 이해할 수 있습니다.

여기에 더해 시제와 수를 일치시키고 태(능동, 수동)에 맞춰 문장을 말하고 쓸 수 있어야 합니다. 제한된 시간 안에 이 세 가지 문법을 정확하게 구사할 수 있으려면 충분한 훈련이 따라야 합니다. 보통 아이라면 수백 번 교정을 받은 후에야 시제 일치, 수 일치, 태를 체화할 수 있습니다.

발음

발음 역시 잡고 가야 합니다. 중학생 시절 발음이 성인으로 이어지는 경우를 자주 봅니다. 잘못된 발음으로 굳어지지 않도록 그나마 교정이 수월한 초등 시기에 발음을 잡아주길 권합니다. 발음은 특히 실용성과도 맞닿아 있습니다. 발음이 좋은 아이는 지금 배우는 영어를 언젠가 써먹을 수 있다고 여깁니다. 그런 아이는 동기부여가 되어 더 열심히 익히게 되고 더 오래 기억합니다. 반대로 발음이 좋지 않은 아이는 지금 배우는 영어는 시험용일 뿐 나중에는 써먹을 수 없다고 여깁니다. 외국에서는 통하지 않을 발음이라는 걸 스스로 알기 때문입니다. 영어 공부를 현실과 동떨어진 쓸모없는 공부처럼 느끼거나 지금 배우는 영어는 '진짜 영어'가 아니라고 느끼기도 합니다. 그러면 동기부여도 안 되고 흥미까지 떨어져 영어를 점점 더 멀리하는 경향을 보입니다.

발음을 올바르게 익히려면 일단 많이 듣고 따라 해야 합니다. 오프라인 공간에서 상대의 입 모양을 보며 듣고 따라 하는 게 가장 좋지만, 사정이 여의치 않다면 음원이나 영상을 사용해 소리를 들으며 따라 해야 합니다. 처음부터 통문장을 읽고 따라 해도 되지만, 어렵게 느껴진다면 단어로 시작해서 긴 문장으로 넘어갑니다. 아이가 음원이나 영상으로 익히는 경우라도 중간중간 부모님이나 선생님이 교정해 주길 권합니다. 발음이 나쁜 사람은 대개 내가 어떻게 발음하고 있는지, 내 발음과 좋은 발음은 어떻게 다른지 인식하지 못하는 경우가 많기 때문입니다. 혼자 듣고 따라 하기가 어렵다면 과외나 소그룹 수업을 통해 코칭을 받는 것도 좋습니다.

기초부터 배워야 한다면 파닉스(phonics, 발음 중심 어학 교수법)로 입문해도 좋습니다. 발음기호 익히기도 꽤 도움이 되는데 최근에는 등한시하는 분위기입니다. 그래서인지 내키는 대로 발음하는 아이들을 꽤 자주 봅니다. 그렇게 한 번 잘못 발음하면 누군가 교정하기 전까지 계속 틀리게 발음합니다. 발음기호를 익히는 데는 채 한 시간이 걸리지 않습니다. 제대로 배워서 활용하는 게 훨씬 효과적입니다. 특히 영어 발음을 듣고 그 자체를 정확하게 인지하지 못하는 사람이라면 더욱 발음기호를 익혀야 합니다.

특정 발음이 유난히 어려운 경우라면 해당 표현과 발음(pronunciation)을 유튜브에서 검색하여 들어보길 권합니다. 'Rachel's English'나 'Bridge TV' 같은 발음 중심의 유튜브 채널을 참고해도 괜찮습니다. 'Rachel's English'에서는 미국인이 영어 발음을 분석적으로 설명해 줍니다. 혀 모양과 입 모양을 정확히 보여줄 때도 있고, 미국 드라마나 영화에서 실제로 사용된 표현들을 발췌하여 발음을 분석하기도 합니다. 'Bridge TV'는 한국인 통역사가 발음을 알려주는 콘텐츠라 한국인이 더 쉽게 이해할 수 있습니다.

말하기와 쓰기

말하기와 쓰기는 평소에 내가 자주 생각하고 접하는 것을 말하거나 썼을 때 상대방이 바로 파악할 수 있는 정도를 목표로 삼으면 좋습니다. 표현이나 문법이 정확하지 않아도 괜찮습니다. 현재 중학교 교육과정은 말하기에 집중하기 힘든 구조입니다. 따라서 초등 시기에 말로 의사를 표현할 수 있는 능력을 어느 정도 길러둬야 합니다. 그래야 영어가 실용적인 학문이라는 인식을 갖고 공부합니다. 이런 인식이 있어야 인풋(듣기와 읽기)을 할 때도 아웃풋(말하기와 글쓰기)을 염두에 두고 공부합니다.

글쓰기는 중학교에 입학 후에도 계속 신경 써서 관리해야 합니다. 중·고등학교 내신 시험에서는 글쓰기가 변별력을 높이는 핵심 역할을 하기도 합니다. 또한 말하기 훈련이 부족한 한국 교육과정에서 글쓰기는 표현 훈련을 이어가게 하는 유일한 수단이기도 합니다. 초등 시기까지는 아이가 생각을 풍부하게 할 수 있도록 돕고 글을 막힘없이 많이 쓰게 하는 게 좋습니다. 그러다 중학교에 입학하면 문장 구조와 표현을 정교하게 다듬어가는 게 좋습니다.

어휘

아이가 영어를 처음 배울 때는 단어와 파닉스를 함께 익힙니다. 부모님 또는 선생님과 함께 책을 읽으면서 단어의 발음과 뜻을 지도받는 방식입니다. 혼자 책 읽기나 대화를 통해 영어를 어느 정도 자연스럽게 익히는 것은 기초 단어를 익힌 후에야 가능합니다. 부모가 아이와 영어로 대화하며 생활하는 것이 아니라면 처음에는 단어부터 지도해 줘야 합니다. 손이 많이 가는 일이지만 해야 할 일입니다. 간혹 새로운 단어를 뽑아서 그냥 암기부터 하라고 시키는 경우가 있는데, 곤란합니다. 아이들은 기계적으로 암기하는 걸 싫어하므로 이런 지시가 반복되면 영어 거부감이 생길 수 있습니다. 이야기에 녹여서 단어를 함께 체크해 주거나 놀이와 단어 암기를 겸하는 방식으로 접근하길 권합니다.

쉬운 책을 읽을 정도의 기초 단어를 익히고 나면 그때부터는 책 읽기나 대화만으로도 어휘력이 자연스럽게 확장됩니다. 초등 저학년 때는 책 읽기와 어휘 학습을 병행해서 꾸준히 늘리다, 초등 고학년부터는 어휘집을 통해 어휘 학습을 점진적으로 받아들이게 도와야 합니다. 그래야 중등 이후 학습의 기반이 마련됩니다. 어휘량으로 따지면 책 100권을 읽으면 익힐 수 있는 정도이며, 《Word Master 중등 고난도》(이투스)에 수록된 단어 수준입니다.

듣기

한국어 자막 없이 30분짜리 애니메이션 100편 이상은 들어야 합니다. 직접 대화하면서 듣거나 오디오북으로 듣거나 듣기 문제집을 통해 듣는 경우라도 비슷하게 양을 맞춰주면 됩니다. 영어에 익숙해지려면 일정량의 투입이 필요한데, 이 정도가 필수적으로 투입해야 할 양입니다. 제가 만난 영어 잘하는 아이들은 하나같이 이 정도 이상을 들었습니다. 아이가 재미있게 들을 수 있는 영화, 애니메이션, 오디오북, 듣기 문제집을 다양하게 제시해야 합니다. 아이가 관심을 보이고 집중을 유지할 수 있다면 무엇이든 다 좋습니다.

지금까지 중학교 입학 전에 영어를 어디까지 해야 하는지 영역별로 살펴봤습니다. 아이의 관심이 특정 영역에 쏠려 있다면 그 영역에 더 집중해도 됩니다. 영역 간의 균형을 맞추기 위해 무리해서 양을 맞추기보다는 아이가 관심을 기울이는 부분을 우선하여 고려해 주세요. 아이의 관심 영역이 넓어지길 기다리며 상황에 맞게 대응하는 게 좋습니다. 공부 정서와 전반적인 균형을 고려하며 장기적인 관점으로 접근해야 공부를 수월하게 이어갈 수 있습니다.

고등학교 입학 전에 어디까지 해야 할까?

고등 영어의 키워드는 '내신'과 '수능'입니다. 이 둘을 다 잡으려면 고등학교에 입학하기 전에 어디까지 준비해야 할지 살펴보겠습니다. 먼저 우리가 알아야 할 사실이 있습니다. 바로 고등 내신과 수능 성적은 고등학교 입학 전에 80퍼센트 이상 결정된다는 사실입니다. 고등학교에 입학한 후라도 열심히만 하면 괜찮다는 희망찬 메시지를 전하고 싶지만, 현실은 그렇지 못합니다. 고등학교 입학 후 첫 3월 모의고사에서 3등급 이하를 받은 아이 중 고3 수능에서 1등급을 받는 아이는 전교에서 한 손안에 꼽힙니다.

공부 좀 한다는 아이들이 몰려 있는 고등학교의 내신 시험은 교과서 범위를 넘어서고 난도도 매우 높습니다. 이런 내신 시험은 고등학교에 입학해서 바짝 공부한다고 금방 따라잡을 수 있는 범위나 난도가 아닙니다. 중학생 때 영어를 못했던 아이가 고등학생이 되어 바짝 열심히 해서 1등급을 받는 경우는 극히 드뭅니다. 대치동에서 10년 넘게 일한 저조차 풍문으로만 들었지 제 눈으로는 한 번도 보지 못했을 정도입니다.

고등학교에 입학하기 전에 영어 성적이 결정되는 게 현실입니다. 이유는 단순합니다. 첫째, 내신 시험과 수능 시험 둘 다 단기간에 끌어올린 실력으로 바로 성적을 올릴 수 있는 시험이 아니기 때문입니다. 둘째, 중학교 때까지 이어온 헐렁한 공부 습관을 고등학교에 입학해서 바꾸는 게 매우 힘들기 때문입니다. 그런 만큼 고등학교에 입학하기 전까지 실력을 다져놓아야 합니다. 그럼 어느 정도까지 끌어올려야 하는지 영역별로 짚어보겠습니다.

책 읽기와 독해

초등 시기에는 100권 이상이었다면, 중등 시기에는 100쪽 이상인 책을 30권 이상 읽어야 합니다. 시험 기간에 조금 덜 읽더라도 매달 한 권씩 읽으면 충분히 가능한 목표입니다. 이 정도는 읽어야 빨리 읽기와 맥락 파악이 어느 정도 가능해집니다.

독해가 책 읽기만으로 다 되는 건 아닙니다. 당연히 독해 문제를 푸는 훈련이 더해져야 합니다. 두 달에 한 권 이상씩 독해 문제집을 꾸준히 풀고, 틀린 문제를 점검하고 분석하는 공부를 해야 합니다. 이렇게 하면 고등학교에 입학하기 전까지 20권 이상 풀 수 있습니다. 문제집을 구입할 때는 오프라인 서점에 가서 비교한 후 고르길 권합니다. 'Reading explorer' 시리즈와 같이 수준별로 나오는 일반 문제집 중 내 수준에 맞는 걸 고르면 좋습니다. 수능 또는 텝스를 목표로 하는 문제집도 괜찮습니다. 토플이나 토익의 독해 문제는 수능이나 학교 내신 시험 유형과 차이가 커서 권하지 않지만, 아이가 흥미를 보이고 집중해서 공부할 수 있다고 하면 괜찮습니다. 독해 실력을 높이는 게 목적이라 유형은 크게 문제되지 않기 때문입니다.

수능 유형에 익숙해지려면 아예 수능 기출문제나 시도 교육청 모의고사 및 평가원 모의고사를 푸는 게 좋습니다. 지난 5년간의 고1~3 모의고사와 수능에서 자신의 수준에 맞는 걸 선택합니다. 20회 이상 시간을 재고 문제를 풀고 틀린 문제를 점검하면 충분합니다.

정리하면 고등학교에 입학하기 전까지 100쪽 이상인 책을 30권 이상 읽기, 독해 문제집은 20권 이상 풀고 점검하기, 모의고사는 20회 이상 풀고 점검하기입니다.

문법

문법을 공부할 때는 학습량도 중요하지만 개념 이해가 우선입니다. 기초가 다져지지 않은 상태에서 다음 단계 학습으로 넘어가면 습득하는 데 오랜 시간이 걸립니다. 문제집을 풀 때도 어떤 생각을 하면서 푸는지에 따라 성과가 하늘과 땅 차이입니다. 독해와 듣기는 노출량과 실력이 어느 정도 비례하는 데 반해, 문법은 학습량과 실력이 비례하지 않는 경우가 많으므로 다르게 접근해야 합니다.

먼저 《Grammar inside LEVEL 2》(NE능률)에 담긴 이론을 읽고 문제를 풀고 오답 정리를 합니다. 이 과정을 총 10번 거칩니다. 이 책을 콕 집은 건 시중에 나온 문법 책 중 품사와 문장성분, 구와 절 같은 기본 개념을 가장 잘 다룬 책이기 때문입니다. 다음으로《고교영문법 3300제》(마더텅)를 같은 방식으로 10번 반복합니다. 문법 책은 이 정도면 충분하지만 조금 부족하게 느낀다면 설명이 쉬운 《진짜 잘 이해되는 고교 영문법》(좋은책신사고) 1권과 2권을 추가로 봅니다. 그다음엔 exam4you(https://exam4you.com)나 네이버카페 황인영영어(https://cafe.naver.com/maljjang2)에서 고등 모의고사 어법 기출문제를 구입합니다. 고1~3의 어법 기출문제를 300문제 이상 풀어보고 틀린 문제는 어떤 원리로 푸는지 확실하게 정리합니다. 혼자 이해하기 어렵다면 이 과정에서는 부모님이나 선생님의 도움을 받아야 합니다. 이 역시 10번 반복합니다.

듣기

중학교 3년간 두 달에 한 권씩 수능형 듣기 모의고사 문제집을 풀어봅니다. 고등학교에 입학하기 전까지 총 20권 정도를 보면 됩니다. 수준과 난이도가 다양하므로 서점에 가서 스크립트를 보면서 수준에 맞는 문제집으로 선택합니다. 고난도 수능형 모의고사 문제집을 풀었을 때 다 맞히는 수준이라면 텝스 듣기 문제집 코너에 가서 실력에 맞는 교재를 선택합니다. 수능만 대비한다면 텝스 듣기 문제집까지 볼 필요는 없지만, 범위를 한정하지 않고 외부 지문을 포함해서 시험을 내는 고등학교에 다니려면 텝스 듣기 문제로 폭넓게 공부하는 것도 괜찮습니다. 실제로 대치동 주변 고등학교 내신 시험에서는 수능 난이도를 훌쩍 넘는 문제가 다수 출제됩니다. 물론 수능형 모의고사 문제집을 풀어서 높은 정답률을 얻는 게 먼저입니다.

어휘

단어는 《This is vocabulary 고급》(넥서스에듀)에 수록된 단어를 90퍼센트 이상 아는 정도면 됩니다. 고등학교에 입학한 후 첫 시험인 고1 모의고사에서는 이 정도까진 몰라도 되지만 내신 시험까지 대비하려면 이 정도가 적정합니다. 반복해서 말하지만 학교별 내신 시험은 편차가 꽤 큰 편입니다. 교육 특구에 있는 학교의 내신 시험은 해당 학년의 모의고사 수준을 훌쩍 뛰어넘는 경우가 흔합니다. 시험 범위는 있지만 범위를 넘어서는 경우도 흔하고, 외부 지문을 가져와서 문제를 내는 경우도 흔해 범위 안에 있는 단어만 익혀서는 대응하기 어렵습니다. 1등급을 목표로 한다면 다독으로 어휘량을 늘려놓든, 어휘집으로 단어를 외우든 어떻게 해서라도 《This is vocabulary 고급》 수준에 도달해야 합니다.

쓰기

자신이 주말에 한 일을 쓸 수 있는 정도의 보편적 영작 능력을 길러야 합니다. 여기에 더해 내신 시험에 잘 나오는 어구(예를 들면 devote oneself to ~, not until 도치 구문 등)를 숙지하면 됩니다. 기본 실력에 해당하는 보편적인 영작 능력이 없으면 내신 서술형 문제에 대응할 수 없습니다. 그 어떤 족집게 과외나 학원 수업도 서술형 문제를 모두 예측할 수 없기에 현장에서 즉흥적으로 써낼 수 있는 영작력을 갖춰야 합니다. 이 능력을 기르려면 중학생 때도 평소에 규칙적으로 글쓰기를 해야 합니다.

내 일상을 글로 쓴 다음에 첨삭을 받고, 첨삭 받은 내용을 반영해서 다시 쓰기까지 해야 합니다. 일상문에 더해 읽은 글을 요약해서 쓰기와 특정 주제에 찬반 입장을 내는 주장하는 글쓰기도 병행합니다. 중등 시기의 글쓰기는 한 번에 10줄 이상씩 일주일에 두 번 이상 쓰는 것이라야 합니다.

첨삭은 부모님이나 선생님의 도움이 필요한데, 어렵다면 온라인 영작 첨삭 사이트를 이용해도 좋습니다. 대표적으로 AI 첨삭 전문 사이트인 Grammarly(www.grammarly.com)가 있습니다. 유·무료 서비스를 제공하는데 무료 서비스로는 철자, 문법, 구두점을 첨삭받을 수 있습니다. 자연스러운 문장으로 변환해 주는 기능과 더 적절한 단어를 제시해 주는 기능은 유료 서비스입니다. 무료 활용 AI 서비스로는 챗GPT(chat.openai.com)도 괜찮습니다. 119쪽에서 살펴보았듯이, 여러 용도로 쓸 수 있지만 영어 첨삭도 곧잘 합니다. 챗GPT 사이트로 들어가 "Correct the following"이라고 쓴 후에 영어로 글을 쓰면 첨삭을 해줍니다. 첨삭 결과에 대해서는 다시 한 번 자신이 의도한 뜻과 같은 의도로 첨삭되었는지 확인하길 바랍니다.

중학교 3학년부터는 고등 내신에 잘 나오는 어구를 외우고 글쓰기에 적용하는 훈련도 해야 합니다. '천일문' 시리즈에서 《천일문 essential》(쎄듀)에 수록된 어구를 숙달하는 것을 목표로 합니다. 이 정도면 고등학교에 입학해서 어려움 없이 학업을 이어나갈 수 있습니다.

마지막으로, 입학 예정인 학교를 두 곳 정도 선택하여 해당 학교의 3년치 고1 내신 기출문제를 최소 4회 이상 시간을 재고 풀어봅니다. 서로 다른 연도의 시험을 풀어야 하는 이유는 해마다 내신 패턴이 달라질 수 있기 때문입니다. 시험을 본 다음에는 시험지를 분석하여 자신에게 부족한 것이 무엇인지 파악하고 그 부분을 보완하면 됩니다.

지금까지 고등학교 입학 전에 해놓아야 할 것들을 이야기했습니다. 막상 하나하나 따져보니 공부할 게 많다고 느껴질 수 있습니다. 하지만 수능 1등급이면서 내신 1등급이 나오는 학생 중 이 정도로 노력하지 않는 학생은 없다는 점을 기억해야 합니다. 10년 넘게 대치동에서 아이들을 만나며 검증한 방법입니다. 믿고 따라온다면 기대한 결실을 얻을 수 있을 거라 확신합니다.

고등 내신과 수능은 ──── 어떻게 대비해야 할까?

　이제 내신 영어와 수능 영어의 특성은 무엇이고 각각 어떻게 준비해야 하는지를 살펴보겠습니다. 보통 수능 영어라고 하면 한국교육과정평가원에서 출제하는 모의고사와 수능을 말합니다. 수능은 30년 동안 치러진 시험이라 난이도나 유형을 어느 정도 짐작할 수 있습니다. 따라서 높은 수능 성적을 받으려면 무엇을 준비하고 어떻게 따라야 하는지 어느 정도 정해져 있습니다. 내신 시험은 중1부터 고3까지 치르는 지필 시험을 말합니다. 한 학기에 두 번 보기 때문에 중간고사와 기말고사라고도 부릅니다. 중학교와 고등학교의 내신 시험은 유형이나 난이도 차이가 큰 편이라 대비법을 나눠서 살펴보겠습니다.

중학교 내신 시험

학교마다 차이는 있지만, 대다수 중학교 내신 시험은 교과서를 중심으로 출제됩니다. 따라서 교과서 본문을 암기하고 주요 문법만 정리해도 꽤 높은 점수를 받을 수 있습니다(2021학년도 분당구 25개 중학교 학생들의 영어 A 비율은 43.1퍼센트였고, 타 도시 중학교 학생들의 영어 A 비율도 대체로 30퍼센트가 넘습니다).

현재 중학교 영어 교과서 지문은 보통 아이들의 영어 실력에 비해 꽤 쉽습니다. 상당수 아이가 따로 설명을 듣지 않고도 본문을 읽고 해석해 낼 수 있을 정도입니다. 대치동 아이들 중 90퍼센트 이상은 수업을 전혀 듣지 않고도 중학교 교과서 본문을 쉽게 이해합니다. 설사 외부 지문을 넣더라도 교과서 지문 수준에 맞추기 때문에 쉬운 편입니다.

문법 문제는 변별력을 높이기 위해 까다롭게 내는 경우가 종종 있습니다. 중등 내신 고득점이 문법과 문법을 활용한 쓰기 능력으로 갈리는 이유입니다. 따라서 중학교 내신 시험을 잘 보려면 초등 고학년부터 문법을 차근차근 준비해야 합니다. 중1 첫 시험 전까지 품사와 문장성분 개념을 확실히 해둬야 내신 시험을 보기가 수월합니다.

대치동의 일부 중학교에서는 시험 문제를 모두 서술형으로 내기도 합니다. 시험 범위가 따로 없고, 처음 보는 외부 지문을 그 자리에서 바로 읽고 판단하여 줄글로 논술하는 문제만 출제하는 학교도 있습니다. 이 경우 학교에서 배운 내용을 얼마나 습득했는지 묻는 시험이 아니다 보니 영어 기본 실력이 없는 아이들은 시험에 대비하려고 해도 손쓸 방법이 없습니다.

'학교에서 따로 난도 높은 지문 독해 수업과 글쓰기 훈련을 해주지 않으면서 시험을 이렇게 낸다는 게 말이 되나?'라고 생각한 적이 있습니다. 하지만 고등학교 내신 시험이나 수능을 내다볼 때 중학교 시기에 이런 시험을 만나는 게 오히려 나을 수 있겠다는 생각이 들기도 합니다. 실제로 중학생 때부터 난도 높은 시험에 익숙한 아이들은 고등 내신 시험이나 수능 영어 시험을 그다지 어렵지 않게 여기기도 합니다.

대치동에서는 학교 수업 진도에 맞춰 실력을 가늠하는 시험이 아니라 기본 영어 실력을 묻는 시험이 점차 늘어나는 추세입니다. 따라서 초등학생 때부터 영어로 글쓰기를 꾸준히 하고 자신이 쓴 글에 대해 첨삭을 받는 과정이 필요합니다. 글쓰기야말로 영어의 여러 영역 중에서 성장하는 데 가장 많은 시간이 걸리는 영역이기 때문입니다. 어느 지역의 중학교에 다니든, 중학생 때 글쓰기 능력을 꾸준히 길러두면 고등학교 시험이 훨씬 수월하게 느껴질 것입니다. 글쓰기만큼 문법과 독해 능력을 함께 끌어올려 주는 방법도 없다는 점을 기억하기 바랍니다.

고등학교 내신 시험

고등학교 내신 시험은 범위도 매우 넓고 난도도 확 올라갑니다. 중학교 시험은 교과서와 학교 프린트물 내용에서 벗어나지 않지만, 고등학교 시험에는 교과서와 프린트물 이외에 부교재 내용이 포함됩니다. 부교재는 주로 수능용 문제집과 EBS 수능 특강 시리즈입니다. 즉, 수능 모의고사 진도가 포함된다는 말입니다.

대체로 모의고사에서 듣기와 도표 문제를 뺀 나머지를 시험 범위에 포함합니다. 시험 범위에 부교재와 모의고사가 포함되면 어휘 수준이 확 올라갑니다. 그만큼 고등학교 내신 시험은 어휘력이 미치는 영향이 큽니다. 시험 범위 안에 있는 지문을 다른 단어로 바꿔서 내는 경우가 많습니다. 이러한 단어는 시험 범위 안에 있는 지문에 나오지 않는 새로운 단어입니다. 시험에 자주 나오는 단어라면 동의어와 반의어를 함께 정리해 두라고 하는 이유입니다. 고등학교 내신 시험을 수월하게 보려면 중학생 때부터 중·고등용 어휘를 반복해서 차근차근 익혀둬야 합니다. 고등학교에 입학한 다음에 어휘 공부를 시작하려고 하면 늦습니다.

어휘력과 더불어 독해력도 미리부터 길러야 합니다. 독해력은 빠르고 정확하게 글을 읽고 해석하는 능력입니다. 중학교 내신 시험은 독해 변별력이 매우 낮습니다. 그래서 방심하고 있다가 고등학교에 들어와 첫 시험을 보고 당황하는 아이를 자주 봅니다. 특히 대치동 인근 학교에서 요구하는 독해력 수준은 수능 수준보다도 높습니다.

실제로 학원 아이들 중 수능 모의고사를 풀 때는 시간도 15분가량 남겼고 점수도 100점을 맞았는데, 내신 시험에서는 시간이 모자라 2쪽이나 풀지 못했다는 아이도 있었습니다. 내신 시험이 도대체 얼마나 어렵기에 그런 결과가 나오는지 의아할 것입니다. 그 시험지는 쪽수만 12쪽이 넘었습니다. 수능 시험지 쪽수가 8쪽 정도인데 12쪽 이상을 읽어내려면 얼마나 빨리 읽어야 할지 짐작이 갈 것입니다.

물론 시험 범위에 포함된 지문을 미리 숙지해 두면 빠르게 읽어내려갈 수 있습니다. 하지만 처음 보는 외부 지문도 들어 있고, 범위에 포함된 지문도 내용을 바꿔서 출제하는 경우가 많아 온전히 읽지 않고는 문제를 풀 수 없습니다. 그만큼 높은 점수를 얻으려면 글을 빠르고 정확하게 읽어내야 합니다. 빠르고 정확하게 읽는 능력은 한순간에 얻어지지 않습니다. 오랜 시간 꾸준히 훈련해야 조금씩 나아지는 능력입니다. 글 읽기만큼은 어릴 때부터 꾸준히 하라고 강조하는 이유입니다.

문법 지식과 문법에 맞는 글쓰기 능력도 고등학교 내신에서 빼놓을 수 없는 부분입니다. 문법 문제와 서술형 문제의 비중이 꽤 높기 때문입니다. 중학생 때 문법 기초를 탄탄히 다져뒀다면 훨씬 수월합니다. 고등학생 때는 길고 복잡한 문장에서 문법 이론을 적용하는 훈련을 꾸준히 해야 합니다. 변별력을 높이기 위해 문법에 맞는 글쓰기 시험도 꽤 자주 출제되기 때문입니다.

문법에 맞는 글쓰기 능력은 서술형으로 답할 때도 필수입니다. 문장을 쓸 때마다 문법을 하나하나 따지면 한 줄도 쓰기 어렵기 때문입니다. 작문력도 독해력과 마찬가지로 단시간에 높아지기 어렵습니다. 자신이 생각하는 내용을 영어로 적고 최소 2년은 첨삭을 받아야 쓰는 내용이 문법에 척척 들어맞아집니다. 가능하면 초등 시기부터, 늦어도 중등 시기부터는 영어로 글을 쓰는 훈련을 시작하고 첨삭 과정을 거쳐야 합니다. 선생님이나 부모님에게 첨삭을 도움받기 어려운 환경이라면 앞에서 소개한 Grammarly와 챗GPT를 이용하여 보완하길 권합니다. 화상영어를 하는 경우라면 선생님에게 첨삭도 추가로 요청하길 권합니다.

고등학교에 입학하면 내신 시험과 수행평가와 모의고사를 보느라 여유가 없습니다. 당장 몇 점이라도 올려줄 단어 암기와 문제 풀기에 집중하는 이유입니다. 반대로 글쓰기처럼 영어 실력을 전반적으로 끌어올려 줄 수 있지만 꾸준히 오래도록 훈련해야 결과가 나오는 영역에는 집중하기 힘들어집니다. 글쓰기 능력은 중학교 때 집중해서 길러두라고 하는 이유입니다.

고등학교 시험 범위는 중학교 시험 범위와 비교하면 최소 5배에서 최대 100배 정도 넓어집니다. 대치동 인근 학교나 외고에서는 이보다 훨씬 더 범위가 넓습니다. 범위가 워낙 넓어 단순 암기로는 결코 시험을 잘 볼 수 없습니다. 앞에서 말했듯, 더 야속한 건 시험 범위 밖에서 나오는 지문이나 문법도 많다는 점입니다. 극단적이지만 CNN 뉴스가 듣기 지문으로 등장하고, 들은 내용을 요약해서 서술하라고 하기도 합니다. 이런 문제가 나오는 학교에 진학하면 시험 기간에 얼마나 열심히 하는지가 시험 결과에 큰 영향을 주지 못합니다. 최상위권 고등학교를 고려하고 있다면 수능 영어 수준을 훨씬 뛰어넘는 공부를 하라고 말하는 이유입니다.

고등학교 내신 시험은 초등 시기부터 중등 시기까지 쌓아놓은 영어 실력이 대세를 좌우합니다. 어휘력, 독해력, 작문력을 중심으로 미리, 제대로 준비해야 합니다. 이렇게 말해도 감이 오지 않을 겁니다. 그럴 때는 입학하려는 고등학교의 2개년 내신 기출문제를 풀어보길 권합니다. 기출문제는 인터넷에서 쉽게 구할 수 있습니다(족보닷컴, 이그잼포유, 기출비 등).

내신 기출문제를 2개년 이상 풀라고 하는 이유는 수능과 달리 내신 시험은 난이도와 유형 차이가 심하게 나기 때문입니다. 전교생 영어 평균 점수가 1학기 중간고사 때는 50점이었다가 기말고사 때는 70점으로 급변하기도 합니다. 유형도 중간고사 때는 어법 비중이 높았다가 기말고사 때는 어법 문제가 거의 안 나오기도 합니다.

수능(대학수학능력시험)

수능은 내신 시험보다 대비하기가 수월합니다. 서술형이 없고 선택형인 데다 어느 정도 유형이 정해져 있기 때문입니다. 그렇다 해도 만만하게 봐선 곤란합니다. 부모 세대가 봤던 수능과 비교하면 난도가 훨씬 더 높아졌기 때문입니다.

수능 지문 난도가 높은 이유

현재까지 수능 영어는 총 45문제로 듣기, 독해, 어법으로 구성되어 있습니다. 듣기는 17문제로 독해나 어법 문제에 비하면 난도가 꽤 낮습니다. 미국 초등학생이 풀어도 쉽게 맞힐 수 있는 정도입니다. 어법은 난도가 높지만 1문제라 비중이 낮습니다. 수능 영어의 꽃은 독해로 총 27문제인데 난도가 상당히 높습니다. 대학에 입학해서 처음 읽는 전공 원서 수준이라고 보면 적당합니다. 유튜브에서도 쉽게 찾아볼 수 있듯 미국이나 영국의 명문대 학생들도 수능 독해는 어렵다고 말합니다.

지문 난도가 높은 이유는 크게 네 가지입니다. 첫째, 어휘 수준이 높습니다. 둘째, 문장이 길고 복잡합니다. 셋째, 지문에 담긴 내용을 이해하기가 어렵습니다. 넷째, 보기가 까다롭습니다. 높은 난도를 뚫으려면 다음 네 가지 방법을 꼭 기억해야 합니다.

까다로운 수능을 잘 보는 방법

어떻게 공부해야 수능을 잘 볼 수 있을까요? 첫째, 단어를 많이 알아야 합니다. 수능용 어휘집을 최소 2권 이상 완벽하게 익혀야 합니다(수능 필수 어휘집과 수능 고난도 어휘집). 완벽하게 익혔다는 기준은 아무 쪽이나 펼쳤을 때 모르는 단어가 없는 정도입니다. 더불어 다양한 글을 읽으며 단어가 문장 속에서 실제로 어떻게 쓰이는지 확인해야 합니다. 예를 들어서 어휘집에는 defeat가 '패배시키다'라는 뜻으로 나와 있습니다. '패배하다'는 익숙하지만 '패배시키다' 라는 말은 생소합니다. 어휘집에 나온 예문에 더해 다양한 상황에서 어떻게 쓰이는지 용례를 찾아 익혀야 합니다. 문장을 해석할 때는 물론이고 수능에 나오는 어휘 문제를 풀 때도 도움이 됩니다.

둘째, 길고 복잡한 문장을 이해할 수 있도록 구문 학습을 해야 합니다. 구문 학습이란 단어가 조합되어 의미를 이루는 규칙을 배우는 것입니다. 초보 단계에서는 문장에 쓰인 단어를 마구잡이로 조합하여 그럴듯한 의미가 되는 것이 그 문장의 의미라고 생각합니다. 이 방법은 문장의 의미가 상식적으로 뻔한 내용일 때만 통합니다. 수능에는 상식과 일치하지 않는 예외적인 내용을 담은 문장도 자주 등장합니다. 따라서 의미를 조합하는 패턴을 익히고 그것을 문장에 적용하는 훈련인 구문 학습이 필요합니다. 시중에 나온 구문 학습 교재 중 내 실력에 맞거나 내 실력보다 약간 위인 교재를 고르고 거기에 나오는 문장을 하나하나 정확하게 해석해 봐야 합니다. 구문 교재도 최소 2권(필수 구문집과 고급 구문집)은 완벽하게 익혀야 합니다. 마찬가지로 교재에 나오는 문장은 무엇이든 척 보면 의미가 떠오르도록 숙달해야 합니다.

수능에는 한 문장이 4줄 이상인, 구조가 복잡한 문장이 많습니다. 말은 '아' 다르고 '어' 다릅니다. 내용만 대략 파악하는 정도로는 문제 출제자가 말하고자 하는 바를 정확하게 읽어낼 수 없습니다. 출제자의 의도를 읽지 못하면 문제를 제대로 풀 수 없습니다. 따라서 평소 글을 읽으면서 의미가 정확하게 해석되지 않는 경우에는 따로 뽑아 곱씹어 보는 과정이 필요합니다.

셋째, 다양한 지문을 빠르고 정확하게 읽어야 합니다. 수능 지문 중에는 내용 자체가 생소해서 빠르게 읽고 파악하기 어려운 경우가 있습니다. 흔히 말하는 '배경지식'을 쌓아두면 이러한 지문에 대응하는 데 도움이 됩니다. 예를 들어 '인지 부조화'나 '뇌 과학'은 일상생활에서 자주 쓰는 용어는 아니지만 수능에는 자주 출제되는 주제입니다. 이런 주제와 관련해 평소 배경지식을 쌓아놓는다면 문제를 풀 때 한결 수월합니다. 배경지식이 있으면 지문에 사용된 단어를 몇 개 몰라도 내용을 유추할 수 있고, 복잡한 구조의 긴 문장도 예측하면서 읽을 수 있어 문제 푸는 시간을 줄일 수 있습니다. 평소에 글을 읽다가 반복적으로 등장하는 개념이 있다면 지문의 범위를 약간 벗어나더라도 그 개념에 대하여 따로 찾아보고 내용을 정리해 두길 권합니다.

넷째, 보기가 까다롭게 출제되었을 때는 지문을 문제없이 이해했더라도 답을 틀리는 경우가 생깁니다. 평소 문제를 풀 때 근거를 찾는 훈련을 반복해 둬야 까다로운 보기에 대응할 수 있습니다. 언어의 상당 부분은 감각에 의존해야 하지만, 실체가 뚜렷하지 않은 감만으로는 수능 같은 큰 시험에 대응할 수 없습니다. 답을 고를 때 '그냥 이것 같아서'라는 태도는 곤란합니다. '지문에 ~라는 근거가 제시되어 있으므로'라는 식으로 근거에 기반해 판단하는 습관을 들여야 합니다.

수능 출제자인 교육과정평가원은 여러 사람이 이의를 제기하는 문제가 나오면 따로 해명합니다. 이때 아무런 근거 없이 "그냥 느낌이 3번이잖아." 식으로 말할 수는 없습니다. 문제 출제자는 모든 문제에 근거를 마련하여 보기를 만듭니다. 거꾸로 문제를 푸는 사람은 출제자가 숨겨둔 근거를 찾아내고 정리하는 습관을 들여야 합니다. 독해 문제도 오답을 정리할 때 근거 중심으로 정리하면 도움이 됩니다. 틀린 문제는 반드시 다시 한 번 근거를 점검해야 합니다. 틀린 문제 옆에 틀린 이유와 근거를 간략하게 적는 습관은 정답률을 올리고 논리적 사고력을 높이는 지름길입니다.

수능을 준비하는 적정 시기

이렇게 까다로운 수능을 언제부터 준비하면 좋을까요? 대치동에서 잘한다고 평가받는 초등 5~6학년 아이들에게 고1 모의고사를 풀게 하면 대다수 아이들이 1등급을 받습니다. 이 아이들은 평소에 모의고사나 수능 지문을 중심으로 공부한 아이들이 아닙니다. 평소 영어 실력만으로 고1 모의고사 1등급을 받았던 것입니다.

이 말은 수능에 대비하기 위해서 어렸을 때부터 수능 지문이나 수능 모의고사 문제로 공부할 필요가 없다는 말입니다. 초·중등 시기 아이들에게 중요한 건 '영어에 대한 흥미를 지속시켜 영어 실력을 꾸준히 향상시킬 수 있는가'입니다. 이때 필요한 건 학습자 수준에 맞는 글로 공부하는 것과 학습자가 흥미를 느끼는 주제의 지문으로 공부하는 것입니다.

어렸을 때부터 수능 문제에 익숙해지면 수능을 잘 볼 수 있을 거라 여기는 학부모가 많습니다. 하지만 그렇게 해서는 결과가 좋지 못합니다. 영어 기본 실력이 낮으면 결코 수능 지문을 제대로 읽어내지 못합니다. 모르는 단어투성이이기 때문입니다. 모르는 단어를 하나하나 찾아가면서 지문을 읽게 하면 아이는 점점 더 스트레스를 받고 영어에 대한 흥미가 떨어집니다. 아이가 인내심이 뛰어나 단어 찾기까지는 수월하게 했다 해도 논리력이나 배경지식 없이는 수박 겉핥기일 뿐입니다.

일단 고1 모의고사를 시간 재고 풀어보게 합니다. 이때 점수가 60점 이하인 아이라면 수능이나 모의고사용 교재는 적합하지 않습니다. 서점에 가서 아이 수준에 맞는 초등용 또는 중등용 독해 교재를 골라 공부하는 게 영어 실력을 더 빨리 올리는 길입니다. 다시 한 번 말하지만, 수능은 기본 영어 실력이 어느 정도 받쳐줘야 성적이 오르는 시험입니다. 영어 실력을 잘 쌓아놓은 아이라면 모의고사를 처음 풀어보게 해도 1등급이 나옵니다. 영어 실력은 그 시험만의 특징이나 요령을 뛰어넘습니다. 잊지 말아 주세요.

모의고사나 수능에 최적화된 공부는 중3부터 시작해도 충분합니다. 중3 수준에 이르면 어느 정도 영어 기본기가 쌓입니다. 이때부터 수능용 교재로 공부해도 됩니다. 그 이전 단계에서는 모의고사나 수능 기출문제를 6개월 또는 1년에 한 번 정도 풀어보면서 '나중에 할 공부가 이런 것들이구나.' 하고 염두에 두며 학업 계획을 세우는 정도가 적당합니다.

수능 영어 절대평가

수능 영어는 절대평가입니다. 절대평가란 90점 이상에게 1등급, 80점 이상에게 2등급, 70점 이상에게 3등급을 부여하는 체제를 말합니다. 시험 난이도에 따라서 조금씩 다르지만 절대평가로 바뀌고는 7퍼센트 정도의 아이들이 1등급을 받았습니다.

절대평가라고 해서 결코 만만하게 보면 안 된다는 말입니다. 절대평가라는 말만 믿고 가볍게 준비했다가 큰코다친 아이들을 자주 봅니다. 결국 모든 시험은 어느 정도 변별력이 있어야 의미가 있다 보니 평가원에서도 난이도를 높여가며 1등급 비율을 조절하고 있습니다.

절대평가라는 이름에 속지 않길 바랍니다. 교육정책 중에는 이런 것들이 꽤 있습니다. 대표적인 정책이 '영어 절대평가'와 '선행학습 금지법'입니다. 알 만한 사람은 다 알 듯 '선행학습 금지법'은 선행학습을 금지하지 못합니다. '영어 절대평가'도 그 전과 크게 달라지지 않은 정책입니다. 이름과 실제를 정확히 구분하길 바랍니다.

4

학원은 어떻게 실력을
높여줄까?

대치동 영어 완전학습 로드맵

학원은
어떻게 아이 공부를
도울까?

학원이 지닌 가장 큰 힘은 아이를 공부하게 만든다는 것입니다. 공부는 웬만큼 강한 의지와 습관이 있지 않고서는 혼자서 꾸준히 하기가 어렵습니다. 그냥 혼자 놔뒀는데 알아서 공부하는 아이는 드뭅니다. 전교권 아이라고 크게 다르지 않습니다. 성적이 높은 아이건 낮은 아이건 학원을 다니는 이유입니다. 어쨌든 아이들은 학원에 오면 자리에 앉습니다. 자리에 앉으면 수업을 들어야 하고, 강사의 질문에 답해야 하고, 집에 가서는 숙제를 해야 합니다. 아이마다 수업 집중도, 개념 응용력, 과제 성실도가 다르므로 수업흡수도 면에서는 차이를 보이지만 어쨌든 자리에 앉혀서 공부하게 만드는 곳이 학원입니다.

학교는 배움의 장소입니다. 이 배움에는 학과 지식뿐 아니라 사회규범과 가치가 포함됩니다. 함께 어우러져서 배워야 하는 것도 많다는 말입니다. 따라서 학교는 시험 기간을 제외하면 공부에만 집중할 수 있는 환경이 아닙니다. 사실 그래서도 곤란하고요. 학교에서 다루는 교과서 역시 보편적인 수준의 내용을 담고 있으므로 수준별로 학습하기에는 부족한 점이 따릅니다. 아이의 학습 수준에 따라 보강이 필요하거나 심화가 필요한 순간이 생깁니다.

과외는 자신에게 최적화된 방식으로 배울 수 있어 시간 투입 대비 효과가 높지만 지속 가능성 면에서는 학원보다 떨어집니다. 일대일 맞춤 학습이라 효과는 물론 지속성도 높을 듯 보이지만 실상은 다릅니다. 학원에서는 친구들이 열심히 공부하는 게 바로 눈앞에 보입니다. 그런 친구들을 보면서 때로는 의지하고 때로는 경쟁하며 지속할 동력으로 삼습니다. 하지만 과외를 하면 비교할 대상이 없습니다. 그만큼 긴장감이 떨어집니다. 눈에 띄게 오르던 성적이 정체되는 시기가 옵니다. 이런 이유로 다시 학원으로 돌아오는 아이를 자주 봅니다.

이처럼 학교나 과외가 해결할 수 없는 지점이 있기 때문에 학원이 계속 존재합니다. 자신이 선택한 학원이지만 타인과의 관계 속에서 느껴지는 강제성, 부모님이 애써 번 돈을 허비하면 안 된다는 생각, 공부를 더 잘하고 싶다는 마음이 합쳐져 더 공부하게 만듭니다. 학부모와 아이의 선택에 밥그릇이 걸린 강사는 더 열심히 가르칩니다. 긴장감은 아이들에게 그대로 전달됩니다. 학교와 똑같은 수업인데 아이들이 학원에서 덜 조는 이유입니다. 여기에 학원은 아이들에게 레벨 올리는 맛, 진도 빼는 맛, 밀착 지도의 압박감, 커리큘럼의 선명함과 체계성, 스타 강사와 순간을 공유한다는 의식 등을 심어줍니다. 교육 방식은 조금씩 다르지만 이런 다양한 장치를 통해 아이들을 조금이라도 덜 지루하게 만드는 곳이 학원입니다.

그렇다고 학원에만 지나치게 의지해서는 곤란합니다. 학원은 공부를 수월하게 할 수 있도록 돕는 곳이지 대신해 주는 곳이 아닙니다. 시중에는 설명 중심으로 아이들을 가르치는 학원이 많습니다. 이런 학원은 개념 설명은 물론 문제에 접근하고 해결하는 과정까지 온전히 설명으로 대신합니다. 이런 수업을 들었다면 아이는 집으로 돌아와 개념을 다시 한 번 정리하고, 새로운 문제를 마주하며 해결책을 찾는 훈련을 해야 합니다. 그렇게 하지 않고 넘어가면 배운 내용이 온전히 내 것이 되지 않아 실력으로 쌓이지 않습니다.

자신의 상황과 성향에 맞게 학원을 골라 필요한 만큼만 다녀야 합니다. 학원을 전적으로 배척할 필요도 없지만 맹신해서도 곤란합니다. 제대로 잘 쓰면 효과 좋은 선택지 중 하나라고 여겨야 합니다.

좋은 선생님은 누구일까?

좋은 선생님은 학생이 많이 배우도록 돕는 사람입니다. 학생에게 필요한 것이 설명이라면 설명을 해주고, 자료라면 자료를 주고, 생각할 시간이라면 스스로 생각할 수 있도록 시간을 주는 선생님이라야 합니다. 좋은 선생님과 좋은 교육은 무엇을 어떻게 가르치느냐가 아니라 학생이 얼마나 배우느냐로 정해집니다.

흔히 좋은 선생님이라고 하면 설명을 잘하고 잘 가르치는 선생님을 떠올립니다. 물론 설명을 얼마나 잘하는지는 중요합니다. 하지만 영어 학습 전체에서 설명이 차지하는 비중은 30퍼센트를 넘지 못합니다. 당장 같은 수업을 듣는 같은 반 학생의 학업 성취도가 극명하게 갈리는 것만 봐도 설명의 질은 학습 결과를 좌우하는 절대적인 요인이 아닙니다.

　학습 결과에 영향을 미치는 요인은 타고난 재능과 적성, 가정환경, 인간관계, 함께 공부하는 학생들의 구성, 학습자의 의지·정서·학습 이력, 선생님의 실력·설명 능력·관리 능력, 선생님들 간의 호환, 학습 자료, 시험의 내용과 난이도, 커리큘럼, 학습 장소, 학습 데이터 관리, 금전적·정서적 지원, 건강 상태, 생리적 충족, 미디어 중독 상태, 생활 습관, 가치관, 선생님과 가정에서 전하는 메시지의 일관성 등 매우 다양합니다.

　흔히 한두 가지 요인만 바꾸고는 학습 결과가 확 바뀌기를 기대합니다. 하지만 이렇게 영향을 미치는 주요 요인만 스무 가지가 넘다 보니 한두 가지만으로는 개선되기 힘듭니다. 요인 하나하나가 저마다의 역할이 있다는 것을 인식하고 종합적으로 접근해야 합니다.

　좋은 선생님이라면 여러 요인 중에서 자신이 영향을 줄 수 있는 요인이 무엇인지 알아야 하며, 해당 요인을 완성도 높게 수행해 내야 합니다. 더불어 자신이 직접 영향을 주기 힘든 요인일지라도 그 중요성을 인식한 채로 학생을 지도해야 합니다. 예를 들어, 중학교 때까지 공부를 별로 안 했던 아이가 고1 첫 내신 시험이나 수능 모의고사 결과로 4등급 이하를 받았다고 가정해 보겠습니다(2025학년도 고1이라면 내신 시험 3등급 이하). 이런 아이라면 고등학교에 입학한 다음에 아무리 좋은 방법으로 열심히 공부한다고 해도 이전에 쌓아놓은 실력이 부족하니 당장 좋은 성적을 기대하기 힘듭니다. 이럴 때는 '학습 이력'이 성적에 미치는 영향이 어느 정도인지, 좋은 방법으로 열심히 하더라도 1등급이 나오려면 어느 정도 시간이 필요한지 등을 객관적인 근거를 들며 말해줘야 합니다. 그래야 아이가 포기하지 않고 꾸준히 좋은 방법을 유지하면서 열심히 공부할 수 있습니다.

방법이나 의지에는 전혀 문제가 없는 학생에게 의지가 부족해서 성적이 안 나온다든가, 잠을 안 줄여서 성적이 안 나온다든가, 특정 수업을 안 들어서 성적이 안 오른다는 식의 엉뚱한 조언을 하면 곤란합니다. 저는 좋은 교수법을 배우기 위해 다른 선생님들의 강의를 들을 때가 간혹 있습니다. 그런데 꽤 많은 강의에서 선생님들은 '정신교육' 내지는 '쓴소리'를 하는 일이 많습니다. 아이들은 이런 이야기를 들으면 가장 먼저 잠을 줄입니다. 가뜩이나 부족한 잠을 더 줄이니 학습 효율은 더 떨어집니다. 학습 효율을 높이려면 일단 수면량을 채워야 하는데 오히려 조는 자신을 자책하고 자신의 의지 문제로 치부해 버립니다. 그러면서 크게 필요하지도 않은 수업을 듣게 만드는데 이런 식의 지도는 결코 옳지 않습니다.

제가 아는 좋은 선생님들은 설명 비중이 필요 이상으로 높지 않습니다. 수업의 목적은 결국 학생이 학업적으로 독립할 수 있도록 준비시키는 것입니다. 시험장에는 어떤 경우라도 아이와 선생님이 함께 들어갈 수 없습니다. 따라서 선생님은 아이 스스로 문제를 파악하고 풀어낼 수 있도록 돕는 역할을 해야 합니다. 그런데 꽤 많은 수업이 아이 스스로 내용을 읽고 파악하도록 독려하지 않고, 선생님이 내용을 빠르고 쉽게 정리해 버립니다. 그래야 더 많은 내용과 문제를 더 많이 설명할 수 있기 때문입니다.

이런 선생님 중에는 입담이 좋고 주의를 집중시키는 능력까지 탁월한 분이 많습니다. 수업을 들은 아이는 많은 내용을 순식간에 배웠다고 착각합니다. 선생님이 대신 문제를 해결해 주므로 머리를 따로 굴릴 필요가 없어 편안하게 수업을 들을 수 있으니 이보다 좋은 게 없습니다. 선생님과 아이 모두 만족스러운 수업입니다. 하지만 이런 수업이 반복될수록 아이는 학업적 독립과 멀어지고 궁극적인 목표인 실력도 높이지 못합니다.

설명이 많은 수업에 들어가면 아이들은 설명을 옮겨 적기에 바쁩니다. 중요한 내용을 요약·정리하여 이후에 보려고 필기를 하는 건데, 스스로 생각해서 정리한 게 아니다 보니 이후에 봐도 무슨 내용인지 모르는 경우가 많습니다. 받아 적기에 바쁜 필기는 결코 공부의 본질에 다가설 수 없습니다.

한마디로 말해, 좋은 선생님은 학생에게 집중하는 수업을 합니다. 선생님이 아이 스스로 문제를 해결할 수 있도록 돕는 방향으로 가르치고 있는지 꼭 확인하기 바랍니다.

좋은 학원은 어떻게 고를 수 있을까?

학원을 고를 때 어떤 기준으로 골라야 하는지 묻는 분이 많습니다. 그럴 때마다 저는 다음 여덟 가지 기준으로 살펴보길 권합니다.

첫째, 수업 정원을 확인해야 합니다. 선생님 1인당 학생 수가 10명 이하인 곳이 좋습니다. 보편적으로 볼 때 선생님이 학생들의 반응을 살피며 소통식으로 수업하기에 적정한 인원은 8명 정도입니다. 다른 과목도 마찬가지이지만 영어는 특히 소통식 수업을 할 때 훨씬 효율이 높습니다. 물론 선생님 역량이나 아이들 수준에 따라 10명 이상이 될 수도 있습니다. 하지만 대체로 10명 이상인 수업은 일방적인 강의식 수업이거나 주입식 수업일 가능성이 높습니다.

둘째, 형성평가 주기와 결과 공개 방법을 확인해야 합니다. 선생님들은 형성평가를 통해 아이들이 그동안 배운 내용을 얼마나 습득했는지 파악합니다. 파악한 내용을 바탕으로 수업 방향을 조정해 나가기도 합니다. 반면 아이들은 형성평가를 보면서 본인의 객관적인 위치를 파악할 수 있고, 아는 것과 모르는 것을 확인한 후 부족한 부분이 발견되면 적극적으로 보완할 수 있습니다. 아이들은 물론 어른도 시험을 보지 않으면 자신이 무엇을 알고 무엇을 모르는지 분명하게 인지하지 못합니다. 따라서 형성평가를 주기적으로 실시하고 있는지 꼭 확인해야 합니다. 더불어 형성평가 결과가 어떻게 공유되는지도 알아야 합니다. 결과를 투명하게 공개하고 보완 조치까지 후속으로 이어가는 학원이 좋은 학원입니다.

셋째, 아이에게 학습 공백이 생겼을 때 대응 방안이 마련되어 있는지 확인해야 합니다. 아이가 수업을 듣고 이해하지 못한 내용이 있을 수 있습니다. 또한 아이들이 외워야 할 내용(예를 들면 단어)을 외우지 않고 수업에 올 수도 있습니다. 이런 경우에 어떻게 대응할지 방안이 마련되어 있는 곳이라야 합니다. 대응 방안을 구체적으로 말하지 않고 선생님이 알아서 잘 챙겨준다고 말하는 곳이라면 제대로 된 곳이 아닙니다. 학습 공백이 생겼을 때 대응이 잘되는 곳은 정해진 보강 시간이 있는 곳입니다. 예를 들어 '매주 수요일 3~7시, 토요일 12~5시 보강 수업'과 같이 이해가 부족한 학생들을 불러서 보강해 주는 시간을 제도적으로 마련한 곳이라야 합니다.

넷째, 과제 관리가 되는 곳인지 확인해야 합니다. 과제 없이 수업만 들게 하는 곳은 조금 위험합니다. 공부는 스스로 하는 부분이 반드시 있어야 하기 때문입니다. 조금씩이라도 혼자 공부해 보는 경험을 쌓아서 결국에는 공부도 독립할 수 있도록 지도하는 곳이라야 합니다. 아이가 과제를 스스로 할 수 있도록 유도하려면 선생님이 과제를 꼼꼼하게 확인하고 피드백해야 합니다. 선생님이 대충 확인하면 아이도 대충 해오지만, 제대로 짚어주면 대충 해오는 횟수가 눈에 띄게 줄어듭니다. 과제 관리 역시 투명하게 공개되는 곳이 좋습니다. 과제의 완성도를 영역별(예를 들면 어휘, 독해, 문법, 듣기, 쓰기)로 기록하고 그 데이터를 매일 학부모에게도 공개하는 곳이라면 믿을 만합니다.

다섯째, 교재의 난이도가 적절하고 교재명을 정확하게 알려주는 곳이라야 합니다. 가끔 연간 교재 사용 계획 없이 운영되는 곳을 봅니다. 연간 계획조차 없을 정도로 체계가 없는 곳이라면 피해야 합니다. 시중 교재를 쓰는 곳이라면 홈페이지에 연간 교재를 올리는 곳이 낫고, 자체 교재를 쓰는 곳이라면 학원에서 교재를 눈으로 확인할 수 있게 하는 곳이라야 합니다. 교재는 난이도도 중요합니다. 간혹 터무니없이 난도 높은 교재를 쓰면서 이 정도는 해야 제대로 영어를 할 수 있다며 불안하게 만드는 곳도 있습니다. 학원에서 레벨 테스트를 보고 나면 배정될 반을 알려줄 것입니다. 배정될 반에서 사용하는 교재가 아이에게 지나치게 높거나 낮지 않은지 반드시 확인한 후에 등록하길 권합니다.

여섯째, 첨삭 지도가 실제로 이루어지는 곳이라야 합니다. 대다수 중·고등학교 내신 시험에는 서술형이 나옵니다. 이 시험에 대비하기 위해서라도 영어 글쓰기를 챙겨주는 곳이 좋습니다. 영작력을 향상시키려면 영어로 글을 쓰고 첨삭을 받은 후에 이를 반영해서 다시 써봐야 합니다. 아이들은 자신의 글을 누군가 꼼꼼하게 읽고 첨삭해 주면 이후에는 훨씬 더 신경 써서 씁니다. 이 과정이 반복될수록 아이의 영작력은 빠르게 올라갑니다. 문제는 아이 글을 제대로 첨삭해 주는 곳이 많지 않다는 것입니다. 아이 글을 대충 읽고 돌려주거나, 썼는지만 확인하고 버리는 곳도 생각보다 많습니다.

일곱째, 선생님이 좋아야 합니다. 결국 학원 일도 사람이 하는 일입니다. 가르치는 선생님의 실력과 인성에 더해 정성이 중요합니다. 매일 수업을 마친 후에 선생님이 직접 학생의 학습 내역(과제 완성도, 단어 시험 결과, 형성평가 결과, 수업 태도 및 특이 사항)을 학부모에게 문자로 보내주는 곳이 좋습니다. 이런 곳은 적어도 하루에 한 번은 선생님이 아이들 한 명 한 명에 대해 생각해 보는 곳입니다. 실력이 비슷한 선생님이라도 아이에게 관심이 있느냐 없느냐에 따라 수업의 질이 달라집니다. 홈페이지에 선생님의 영상 강의가 올라와 있고, 선생님의 이력을 확인할 수 있으며, 필요한 경우에 담당 선생님과 직접 통화할 수 있는 곳을 선택하기 바랍니다.

시기별·유형별 추천 학원을 확인하자

시기별 추천 학원

　학원 유형별 장단점을 알아보기 전에 시기별로 어떤 학원을 다녀야 할지 짚어보겠습니다. 대한민국의 교육 실정을 고려하면 시기별로 학원을 달리해서 다니는 것이 현실적이기 때문입니다.

　어린 시기에는 감각적·언어적으로 접근하는 것이 효과적일 때가 많습니다. 당장 시험에 대한 부담도 없기 때문에 초등 4학년까지는 영어로만 수업하며 책을 읽고 읽은 내용에 대해 이야기를 나누고 글을 쓰는 곳을 권합니다.

　초등 5학년 때부터 중학생 때까지는 책 읽기와 글쓰기를 유지하되 문법과 어휘 학습, 독해 문제 풀이를 병행하는 곳을 권합니다.

내신 시험이나 학습용 영어에 대비해야 하기 때문입니다. 수능, 토플, 텝스 등 특정 시험만 목표로 하는 학원은 권하지 않습니다. 독해력, 문법력, 어휘력, 작문력을 폭넓게 길러내야 하는 시기이기 때문입니다.

중학교 3학년 때부터 고등학생 때까지는 평소 수능 중심으로 공부하다가 내신 시험 3~4주 전부터 내신 시험 대비용으로 수업을 전환하는 곳을 권합니다. 모의고사를 주기적으로 보면서 직접적으로 시험에 대비하는 것이 가장 현실적입니다.

대학생이 된 후에는 취업과 이후 사회생활에 대비하여 토익학원이나 회화학원에 다니길 권합니다.

유형별 추천 학원

학원마다 교육 방식이 다르므로 어떤 학원이 자신에게 맞는 학원일지 판단할 수 있어야 하는데, 그러려면 학원 유형별 장단점을 알아야 합니다. 하나씩 살펴보겠습니다.

먼저, 원어민 중심으로 수업을 진행하는 학원입니다. 원어민 중심 수업이 전부 같지는 않지만 대체로 책을 읽은 다음 읽은 내용에 대해 이야기하고 글을 쓰는 방식으로 진행됩니다. 영어에 더 많이 노출될 수 있도록 수업 시간에는 영어로만 의사소통하는 구조입니다. 이 방식은 학습자 몰입 여부가 다른 학습 방법에 비해 더 크게 영향을 미칩니다.

예를 들어 원어민 선생님 수업 시간에 estimate라는 표현을 들었는데 아이가 원래 모르던 표현이었다고 가정해 보겠습니다. 보통 원어민 선생님은 estimate가 무슨 뜻인지 설명해 주지 않습니다. 학습자가 그 표현이 사용된 앞뒤 맥락을 파악하여 estimate가 무슨 뜻인지를 유추해 내야 합니다. 앞뒤 맥락 중 일부라도 놓친 경우라면 estimate라는 표현에 담긴 의미를 유추하기가 힘들어집니다. 표현 하나를 습득하기 위해 집중해야 하는 시간이 상당히 긴 체제입니다. 이에 반해 한국어로 설명하는 수업에서는 estimate가 '평가하다'나 '추정하다'의 뜻이라고 알려주니 바로 무슨 뜻인지 알게 됩니다.

원어민 중심으로 수업을 진행하는 학원은 아이가 수업에 몰입하면 그 어떤 방식보다 재미있게 영어를 배울 수 있는 곳입니다. 하지만 아이들 중에는 대화의 중심에 끼지 못한 채 겉도는 아이들이 있습니다. 이외에도 교사 1인당 학생 수, 교재 난이도, 교사 역량에 따라서 성취도가 극명하게 갈리는 체제입니다.

언어학 이론에서는 영어를 언어로 자연스럽게 접하면 재능과 상관없이 누구든 영어를 잘할 수 있다고 말합니다. 하지만 원어민 중심 수업은 영어로 영어를 가르치는 방식인 건 맞지만 생활을 공유하며 익히는 방식이 아니라 책을 매개로 익히는 방식입니다. 자연스럽게 익힐 수 있는 방식이 아니다 보니 아이들이 영어 수업과 상황에 몰입할 수 있도록 돕는 일이 매우 중요합니다. 이런 이유로 원어민보다 한국 문화를 더 잘 이해하는 교포나 바이링구얼(한국어와 영어를 자유롭게 구사하는 사람)을 선생님으로 더 선호하기도 합니다. 발음 면에서는 영어 악센트를 정확히 구사하는 원어민이 이상적이지만, 교포와 바이링구얼이 전반적으로 아이들을 집중시키는 능력이 뛰어나고 발음 또한 뒤지지 않습니다. 실제로 원어민 선생님 수업보다 교포 선생님 수업에서 아이들이 겉도는 비율이 더 낮은 경우가 많으니 참고하기 바랍니다.

다음으로, 시험 대비 학원입니다. 토플학원, 텝스학원, 수능학원, 내신학원 정도가 초·중·고 학생이 주로 가는 시험 대비 학원입니다. 요즘은 초등 고학년이나 중학생들이 토플학원에 등록하는 게 트렌드입니다.

토플 시험은 미국 대학에 입학하여 수업을 들을 준비가 되어 있는지 판단하는 시험입니다. 당연히 대학 전공 입문이나 교양 수준의 내용이 나오기도 합니다. 이 말은 초·중등 학생이 공부하기에는 지나치게 어렵거나 불필요한 내용이 포함될 수밖에 없다는 말입니다. 아이들에게 낯선 서양 역사나 과학 지문도 자주 등장하므로 비문학 독서를 충분히 하지 않은 아이라면 토플학원을 추천하지 않습니다. 물론 토플학원에 보내서 효과를 볼 수 있는 아이도 있습니다. 영어 기본 실력이 탄탄한 데다 폭넓은 지식에 대한 호기심이 강한 아이들입니다. 이런 아이라도 토플 중심 공부보다는 아이가 관심 있어 하는 부분만 따로 골라내 활용해 보라고 권합니다.

텝스학원도 비슷합니다. 영어 기본 실력이 탄탄한 아이라면 도전해 볼 만합니다. 하지만 텝스로 영어 기초를 쌓으려 한다면 텝스학원은 부적절합니다. 기초 실력이 탄탄한 상태에서 난도 높은 문제로 실력을 더 쌓고 싶은 경우에 한해 토익이나 텝스를 공부하길 권합니다.

토플과 텝스는 어떤 차이가 있을까요? 토플은 독해 지문이 길고 한 문제당 딸린 문제가 여러 개이며, 내용도 다양하고 주제별로 깊은 편입니다. 텝스는 지문이 짧고 한 지문당 딸린 문제가 한 개인 경우가 대다수입니다. 토플에는 텝스에 없는 쓰기와 말하기 영역이 있고, 텝스에는 토플에 없는 문법 영역이 있다는 점도 다릅니다. 토플은 인풋과 아웃풋을 둘 다 평가하는 시험이고, 텝스는 인풋에 집중한 시험이라고 보면 쉽습니다.

수능학원은 고등학생들이 주로 선택하는 학원입니다. 학원 고등부는 내신 준비 기간에는 내신 시험 대비 수업을 하지만, 나머지 기간에는 수능에 대비한 수업을 진행합니다. 고등학생 때 주로 가는 학원이라면 초·중등 시기부터 가는 건 어떠냐고 묻는 분이 많습니다. 어차피 수능 공부를 해야 한다면 미리 해놓는 게 낫지 않느냐는 질문입니다. 이럴 때 저는 그 시기에 수능 문제를 미리 접하거나 몇 달 정도 수능 패턴을 익히는 공부를 해보는 건 괜찮다고 말합니다. 하지만 수능만 1년 넘게 공부하는 건 추천하지 않습니다. 수능 영어는 지문 길이가 짧습니다. 지문 하나를 읽는 데 대략 1분이 걸립니다. 이렇게 짧은 지문을 계속 바꿔 읽으면서 몰입을 유지하기란 쉽지 않습니다. 게다가 수능 영어 지문은 원래 긴 글에서 일부를 발췌한 경우라 기승전결이 잘려 느닷없다는 느낌을 줄 때도 있습니다. 이런 지문으로 오래 공부하면 긴 글을 오래 읽지 못해 깊이 읽는 것을 힘들어합니다. 내용을 이해하기 위해 글을 읽는 것이 아니라 문제를 맞히기 위해 읽는 데 익숙해져 정작 글에서 전달하려는 의도를 읽어내지 못하기도 합니다. 이러한 이유로 초·중등 시기에는 수능학원을 보내더라도 짧게 보내라고 권합니다.

내신학원은 중·고등학교 내신 시험을 대비해 주는 곳입니다. 시험 기간에 내신학원에 가서 도움을 받는 것은 좋습니다. 하지만 시험 기간이 아닐 때도 내신 시험 범위로 공부하는 것은 영어 실력을 높이는 데 효과적이지 않습니다. 특히 중학생 때는 영어 기본 실력을 쌓는 일에 우선해서 힘써야 합니다.

영어도서관으로 불리는 곳도 있습니다. 혼자서 책을 읽는 게 힘든 아이에게 진도에 맞춰 책을 읽도록 관리해 주는 곳이 많으며 관리의 정도는 업체마다 다릅니다. 책을 읽은 다음에는 내용과 연계한 (컴퓨터 프로그램) 활동을 병행하기도 합니다. 이 체제는 아이가 어느 정도 자기주도성을 갖고 스스로 집중하며 궁금한 것을 채워갈 수 있다면 효과가 높습니다. 하지만 일반 학원에 비해 선생님의 직접적인 손길이 덜 가는 구조라 스스로 챙기지 못하는 아이에게는 효과가 제한적입니다. 따라서 아이를 영어도서관에 보내는 경우라면 가정에서 책 읽는 양과 이해도를 확인해 주고 방향을 주기적으로 조정해 주길 권합니다.

인터넷 강의는 시간과 공간에 구애받지 않고 자신에게 필요한 수업을 들을 수 있다는 장점이 있습니다. 하지만 수업이 일방적이고 피드백이 없어 집중력을 유지하기 힘들고, 잘못된 방법으로 학습하고 있어도 교정이 어렵다는 단점이 있습니다. 학습 습관이 자리 잡혀 스스로 교정하며 학업을 이어나갈 수 있는 아이가 아니라면 효과가 떨어지는 방식입니다. 실제로 인터넷 강의에서 효과를 보는 사람은 보기 드뭅니다.

누구에게나 동일하게 좋은 효과를 내는 학원은 없습니다. 따라서 학원별 특성, 아이의 성향이나 상황을 종합적으로 고려하여 선택하길 권합니다.

떠먹여 주는 수업
vs
거꾸로 수업

세상에는 친절한 수업이 너무 많습니다. 대치동이라고 예외는 아닙니다. 그런데 정말 친절한 수업이 아이들의 실력을 끌어올려 줄까요? 그렇지 않다면 어떤 수업이 아이의 실력을 끌어올려 줄 수 있을까요?

떠먹여 주는 수업

학원가에서 가장 많이 볼 수 있는 수업 형태를 들여다보겠습니다. 수업이 시작되면 선생님은 지문을 한 줄 한 줄 해석한 후 전체 구성과 흐름을 분석합니다. 문제와 보기를 꼼꼼하게 짚어주고 어떻게 답을 골라야 하는지도 알려줍니다. 더불어 힌트와 실수를 바로잡을 수 있는 팁을 알려주기도 합니다. 흔히 말하는 '떠먹여 주는 수업'입니다.

이 방식은 같은 시간에 더 많은 내용을 더 빠르고 더 체계적으로 전달할 수 있을 것처럼 보입니다. 실제로 이렇게 수업을 들은 아이들은 뭔가를 굉장히 많이 배웠다고 착각합니다. 하지만 이렇게 배워서는 결코 실력이 오르지 않습니다. 문제를 만났을 때 해결책을 모색하는 과정을 반복해야 실력을 높일 수 있습니다. 그런데 이 방식은 아이를 대신하여 선생님이 문제와 싸우는 꼴입니다. 싸움을 구경만 한 아이가 실전에서 제대로 싸울 리 없습니다. 수업을 아무리 여러 번 반복해서 들어도 실력은 오르지 않습니다. 당연히 고등 내신과 수능에서도 도움이 되지 않습니다.

거꾸로 수업

그럼 어떤 수업을 들어야 할까요? 선생님이 일방적으로 지식을 전달하는 주입식 수업이 아니라, 아이들이 능동적으로 참여하는 수업이라야 합니다. 제 수업을 예로 들어보겠습니다. 흔히 수업은 선생님의 목소리로 시작된다고 여기는데, 제 수업은 아이들이 원서를 읽고 그 내용을 바탕으로 영작하는 걸로 시작합니다. 스스로 읽기야말로 영어 기초를 세우는 필수 요소입니다. 중학생이 고등학교 내신과 수능을 제대로 준비하려면 1년에 최소한 중학교 영어 교과서 양의 100배를 읽어야 합니다. 이 정도를 읽지 않고서 수능 모의고사 1등급을 바란다면 욕심입니다. 따라서 선생님은 아이들이 어떻게든 책을 많이 읽고 잘 읽을 수 있도록 도와야 합니다.

이때 운율을 살려 읽는 예시를 보여줘야 하거나 특정한 부분을 강조해서 말할 때를 제외하면 소리 내 읽기는 권하지 않습니다. 고등학교 내신 시험과 수능 문제는 빠르게 읽기가 필수입니다. 적어도 소리 내 읽기의 3배 속도로 읽어내야 합니다. 그 정도라야 문제를 다 풀고 잠시 검토할 시간이 확보됩니다. 눈으로 읽는 속도를 끌어올리는 데 신경 써야 합니다. 소리 내 읽는 속도가 눈으로 읽는 속도에 버금가더라도 권하지 않습니다. 어떤 시험장에서도 소리 내며 문제를 풀게 하는 곳은 없기 때문입니다.

간혹 제가 책을 읽으면 눈으로 글을 따라 읽지 않고 귀로만 듣는 아이들이 있습니다. 초등학생이라도 저학년이라면 괜찮지만, 고학년이라면 소리와 글자를 매칭시키며 눈으로 읽도록 지도해야 합니다. 수업을 하다 보면 제가 지문을 읽을 때가 있습니다. 그럴 때 저는 아이들의 읽는 속도에 맞춰 최대한 빨리 읽는 편입니다. 3배까지는 아니지만 평소 아이들이 소리 내 읽는 속도의 2배 정도로 빨리 읽어줍니다.

책을 다 읽었는지, 내용을 잘 이해했는지는 아이가 책 내용에 관해 쓴 글을 첨삭하면서 확인합니다. 능동적인 수업의 핵심은 '확인'입니다. 물론 시간과 손이 많이 가는 작업이지만 글쓰기 첨삭을 하면 책 내용을 얼마나 이해했는지와 함께 문법적인 지식을 잘 활용할 수 있는지도 동시에 확인할 수 있습니다. 첨삭한 글은 반드시 다시 쓰게 하고 점수화한 후, 부모님·학생·학원과 실시간 공유하는 성적표에 기입합니다. 이때 아이가 책에서 덜 이해한 부분이나 글쓰기에서 문법을 잡아줘야 하는 부분이 생기면 도움을 줘야 합니다.

도움을 줄 때도 책 내용을 그냥 설명하는 것이 아니라 아이가 책의 전반적인 내용을 이해하는 데 필요한 부분만 살짝 알려주는 식이 좋습니다. 한 아이에게 도움이 필요한 부분이 생기면, 다른 아이에게 그 부분을 발표하게 해서 그 아이가 스스로 알아차릴 수 있도록 유도합니다. 제가 설명할 때보다 아이들이 설명할 때 더 쉽게 이해하는 모습을 자주 보기 때문입니다. 입장이 비슷하다 보니 더 쉽게 이해하는 것 같습니다.

첨삭할 때는 한 명 한 명 지도해야 합니다. 이 시간에는 전체 아이들에게 모의고사 문제를 풀게 하거나 주제 작문을 하게 합니다. 그러면서 한 명씩 불러 일대일 첨삭 지도를 합니다. 첨삭 역시 제가 정답을 알려주는 것이 아니라, 어떤 의도로 이렇게 쓴 것인지 아이에게 물어보고 어떻게 고치면 좋을지도 물어봅니다. 아이들 절반 이상은 이미 어떻게 수정해야 하는지 알고 있습니다. 아이가 정말 모르면 그때는 어떤 문법을 써야 하는지 정도로만 간단히 설명합니다. 시간이 허락되면 이 문법이 문법 책의 어느 부분에 담겨 있는지 물어보고, 아이가 모른다고 하면 알려줍니다. 자주 틀리는 부분은 구두로 확인합니다. 다시 쓰기가 필요한 부분은 우리말로 물어보고, 머릿속으로 영작을 한 후 구두로 답하라고 합니다. 내용과 문법이 맞으면 통과시키고 그렇지 않으면 공부하게 한 후 다시 확인합니다. 확인되면 성적표에 적어서 교육 참여자(선생님, 학원, 학생, 부모님)가 확인할 수 있도록 공유합니다.

평소에 영어 글쓰기를 왜 해야 하는지를 알려주고, 영어 글쓰기 과정은 쉽지 않으며 빠르게 늘지 않는다는 사실을 아이들이 이해할 수 있도록 이야기합니다. 그래야 아이들이 더 능동적으로 참여하고, 실력이 더디게 느는 것 같아도 지치지 않고 따라옵니다.

읽기 교재의 지문 읽기와 문제 풀기는 수업 전에 숙제로 해오게 합니다. 이때 객관식은 찍고 주관식은 풀어오지 않는 아이들이 있습니다. 그래서 제대로 과제를 하는지 책 검사를 합니다. 답을 같이 맞추어 보는 경우도 있고, 답지를 줘서 스스로 채점하게 하기도 합니다. 틀린 문제가 있으면 오답 정리를 하게 해서 스스로 부족한 부분을 인지하게 하고, 답을 맞춰 보아야 하는 동기를 불어넣기도 합니다. 오답 정리는 자신의 부족함을 상기시키기 때문에 아이들 입장에서는 힘든 과정입니다. 시간과 노력을 요하는 과정이기도 합니다. 문제를 맞히면 이 과정을 겪지 않아도 되기에 아이들은 좀 더 열심히 정답에 접근하려고 노력합니다. 이때 이해되지 않는 부분은 질문을 할 수 있도록 유도하고 질문에는 피드백을 합니다.

이 과정은 아이에게 단순히 지식을 전달하는 방식이 아닙니다.

오히려 각각의 아이들이 어떻게 학습하는지 선생님이 배우는 과정입니다. 저는 거의 모든 과정에서 직접 답하기보다 아이들이 다른 아이의 발표를 들으며 자신에게 부족한 부분을 채울 수 있도록 유도합니다.

독해를 할 때는 전체 내용의 흐름을 파악하는 능력과 세부 내용을 이해하는 능력이 동시에 필요합니다. 숲 전체를 보는 능력과 나무 한 그루 한 그루, 심지어 나뭇잎 한 장 한 장을 보는 능력까지 필요합니다. 하지만 챕터북과 소설책으로만 공부해 온 아이들은 숲을 보는 능력은 탁월한 데 비해 나무를 보는 능력이 약합니다. 이런 아이에게는 한 문단씩 해석해 올 준비를 하라고 숙제를 내줍니다. 단어 위주로 준비해 온 아이라면 그 자리에서 문장 단위로 해석해 보라고 합니다. 대체로 단어 위주로 준비하고 즉석에서 단어의 뜻을 조합하여 문장의 뜻을 해석하는 아이들이 발전 속도가 빠릅니다.

요즘에는 스마트폰 카메라와 번역 앱을 이용해서 해석해 오는 아이들도 많습니다. 이런 아이에게는 문장 속의 구, 절, 단어 등을 각각 해석해 보라고 합니다. 각각 문맥에 맞게 해석하는 아이라면 넘어가도 괜찮습니다. 물론 대다수 아이들은 제대로 해석하지 못합니다. 이때 추궁하거나 나무라기보다 그날 전체 아이들을 대상으로 번역기를 쓰면 어떤 점이 좋지 않은지 설명합니다. 그러고 나면 그 아이뿐 아니라 다른 아이들도 번역기를 덜 사용합니다.

번역기 사용의 문제

번역기가 글을 문맥에 맞게 번역하기 시작한 지 얼마 되지 않았습니다. 구글 번역기의 경우 2016년 알파고에 쓰인 딥러닝 기술을 이용하면서 그나마 쓸 만해졌습니다. 글에 담긴 내용을 이해하는 것은 매우 복잡하고 어려운 일입니다. 여기에 더해 내용을 다른 언어로 표현하는 일은 더욱 어렵습니다. 이렇게 복잡하고 어려운 과정을 아이들은 연습을 통해 배워야 합니다. 한두 번 해서 능숙해지는 일이 아니기 때문입니다. 몇 번은 번역기를 쓸 수도 있지만 자꾸 사용하다 보면 어느새 의존하게 되고 그만큼 글의 의미를 알고 표현할 수 있는 확률은 줄어듭니다. 처음에는 어렵고 힘들더라도 반복해서 독해 연습을 하다 보면 훨씬 좋아진다는 것을 믿고 어떻게든 스스로 해보길 권합니다.

개별 피드백을 줄 때 나머지 아이들은 시험을 보게 합니다. 따라서 학원에 오면 단어 시험을 제외하고라도 시험을 한 개 이상 봅니다. 오답은 오답 정리를 하게 하고 이를 확인합니다. 점수는 공개를 기본으로 하고 공유된 성적표에 기록합니다. 평가를 받고, 성장을 공유하는 과정에 아이들이 익숙해지도록 도와야 합니다.

문법 문제집은 이론 설명과 단계별 문제로 구성되어 있습니다. 저는 문법 책에 쓰여 있는 설명을 아이 스스로 읽고 이해할 수 있는지 확인하는 역할을 합니다. 레벨 테스트 점수가 높아 상급반에 배정된 아이들조차 문법 책을 스스로 읽고 이해하지 못하는 경우가 많습니다. 아이는 이해했다고 여기고 문제도 어느 정도 풀 수 있지만 막상 들여다보면 개념을 잘 알지 못합니다. 책을 많이 읽어서 바른 문법 문장에 어느 정도 익숙해져 있고, 문법 설명에 덧붙여진 예제를 보면서 부족한 개념을 메우고 있는 것입니다.

이런 아이들은 답을 감각적으로 잘 골라내지만 왜 답이 되는지는 정확하게 설명하지 못합니다. 이 경우에 문법을 단기간에 잡아준다는 특강을 들으려 하는데 그보다는 문법의 기초인 품사, 구, 절, 문장 구성 요소와 문장 형식을 꾸준히 익히며 훈련하는 게 먼저입니다. 문법 기초를 제대로 숙지하면 문장에서 문법 요소를 찾을 수 있고, 각각의 품사·구·절을 가지고 문법에 맞는 문장을 만들어 낼 수 있습니다. 단순히 1형식부터 5형식까지의 문장뿐 아니라 다양한 유형과 요구 사항을 만족시키는 문장을 문법에 맞게 써낼 수 있습니다. 이것이 진정한 문법의 기초이자 활용입니다.

방학을 이용해서 문법을 숙달하려는 아이들이 많은데 훈련 없이 문법 이론만 익혀서는 실전에 전혀 써먹을 수 없고 문제도 조금만 까다롭게 내면 맞히지 못합니다. 문법이야말로 이론이 아니라 적용과 훈련이 핵심입니다. 이 말은 선생님이 아무리 정확하고 꼼꼼하게 문법을 설명해서 가르쳐도 아이들의 문법 실력은 쉽게 향상되지 않는다는 뜻입니다.

오히려 설명은 아이들 눈높이에 맞춰 최대한 간략하게 짚어줘야 합니다. 아이들이 직접 지문에서 품사와 문장 구성 요소를 찾게 하고, 채점을 하게 한 후 틀린 부분을 다시 찾도록 반복시키는 게 문법 실력을 향상시키는 지름길입니다. 더불어 문법 요구 사항에 따라 아이들이 직접 문장을 써보게 하고, 피드백해 준 다음 제대로 다시 쓸 수 있도록 반복해 줘야 합니다. 즉, 선생님이 예제를 만드는 것이 아니라 아이들이 예제를 만드는 수업이 되어야 합니다. 이런 수업은 전통적인 수업과 반대되는 개념이라 '거꾸로 수업(flipped class)'이라고 부르기도 합니다.

거꾸로 수업은 여러 실험을 통해 학생들의 실력을 높여주는 우수한 수업임이 증명되었습니다. 제가 하버드대 대학원에서 들었던 교육심리학 수업 역시 거꾸로 수업이었습니다. 다만 이 수업은 선생님 입장에서는 손이 많이 가고 시간도 많이 소요됩니다. 확인·첨삭·기록 같은 활동이 중심이 되기 때문입니다. 확인과 피드백이 생명인 수업이라 수강생도 소수로 제한될 수밖에 없습니다. 검증된 수업 방식이지만 확산이 느린 이유입니다.

내 아이가 평범한 아이라면 수만 명이 듣는 훌륭한 강사의 인터넷 강의보다 피드백이 좋고 10인 미만의 수강생을 대상으로 거꾸로 수업을 진행하는 학원에 보내길 권합니다. 학원만 잘 고른다고 아이 실력이 오르는 건 아닙니다. 그렇지만 학원을 잘못 고르면 아이 실력은 결코 오를 수 없습니다. 이 사실을 꼭 기억해 주세요.

세상에
학원만으로 되는
공부는 없다

좋은 학원과 선생님은 학업에 큰 영향을 미치는 요인이지만 그 렇다고 전부는 아닙니다. 앞서 말했듯 타고난 적성과 가정환경, 인 간관계, 학습자의 의지, 정서·건강 상태, 생리적 충족, 미디어 중독 상태, 생활 습관, 가치관, 학습 이력 등 너무나 많은 요인이 학업에 영향을 미칩니다. 우리는 이 사실을 어렴풋이 인식하고 있지만 때 로 이 중 한두 가지 요인에 치우쳐 생각하는 경향이 있습니다.

한두 가지에 집중하여 극적인 효과를 보고 싶은 마음은 알지만 현실은 그렇게 녹록하지 않습니다. 학업적인 발전은 여러 요인이 서로 영향을 주며 장시간에 걸쳐서 이루어집니다. 따라서 장기적 인 시각으로 점검해 봐야 합니다. 단기간에는 한두 가지에 신경을 많이 쓴다고 해도 별다른 효과를 보지 못할 수 있습니다. 좌절하거나 포기하지 말고 장기적으로 끌고 가야 합니다.

학원에 있어 보면 자주 목격되는 사실이 있습니다. 많은 부모님이 아이를 평판 좋은 학원에서 잘 가르친다는 선생님에게 수업을 듣게 합니다. 부모와 아이 모두 몇 달은 학원과 선생님을 믿고 따라갑니다. 그리고 지난 몇 달간의 성과를 점검하는데, 고민이 생길 때가 있습니다. 수업을 듣기 전보다 성적이나 실력이 높아진 건 확실한데 기대치만큼 높아지지 않았을 때입니다. 이때 생각보다 많은 부모가 학원을 바꿔야 하는 게 아닌지 묻습니다. 저는 이럴 때 괜찮은 학원 시스템에서 좋은 선생님에게 배우고 있을 가능성이 높다고 답합니다.

아무리 학원 시스템과 선생님이 훌륭해도 아이에게 영향을 미치는 속도는 생각보다 더딥니다. 실제로 같은 학원에서 똑같은 학생이 가장 좋은 선생님에게 배웠을 때와 평범한 선생님에게 배웠을 때의 내신 시험 결과를 비교하면 5점가량 차이가 납니다. 한두 명이 아니라 학원 수강생 전체를 비교해 봐도 결과는 크게 다르지 않습니다. 좋은 선생님이 결과를 바꾸는 차이는 딱 이 정도입니다.

물론 '5점'을 누군가는 굉장히 크다고 여기고 누군가는 작다고 여길 수 있습니다. 스스로를 잘 관리하여 잠재력을 이미 최대로 발휘하고 있는 학생에게 5점은 매우 크게 다가올 것입니다. 하지만 생리적 충족, 미디어 중독, 가정환경, 생활 습관 등의 요인에도 개선할 여지가 많은 학생이라면 좋은 선생님을 찾아다니는 것보다 자신을 잘 관리하는 것이 더 높은 성장을 불러올 것입니다. 즉, 학원이나 선생님과 관련하여 더 나은 선택을 하는 데 시간과 열정을 쏟기보다는 자신과 관련된 요인에 우선순위를 두고 관리하는 편이 학업적으로 이롭습니다. 아이와 부모 모두 주기적으로 학업에 영향을 미치는 여러 요인을 점검하여 개선해 나가길 바랍니다.

공부를 하는데 성적이 오르지 않는 이유

공부를 하는데 성적이 오르지 않는 경우는 크게 세 가지입니다. 첫째, 공부한다고 말은 하지만 집중하지 않는 경우입니다. 공부는 학교, 학원, 독서실에 가서 앉아 있는다고 되는 게 아닙니다. 내실이 중요합니다. 가방만 메고 왔다 갔다 하는 아이가 생각보다 많습니다. 대치동에서는 유치원에 다닐 때부터 영어를 배우므로 고등학교를 졸업할 때쯤에는 영어에 투자한 시간이 만 시간이 넘는 아이들이 많습니다. 그런데 이런 아이들 중 절반 이상은 영어를 딱히 잘하지 못합니다. 이 말은 영어 공부 한다며 시간을 쏟았지만 제대로 하지 않은 아이들이 그만큼 많다는 말입니다.

아이들을 가르쳐보니 교육은 참으로 손이 많이 가는 일입니다. 내 마음처럼 한번에 척척 되는 경우가 드물고, 이 정도면 이해했겠지 싶은데 아이들에게 물어보면 전혀 이해하지 못한 경우도 잦습니다. 이 정도 함께 했는데 습관이 잡혔겠지 싶어도 여전히 오락가락 상태인 아이들도 많습니다. 이런 현실을 부모도 알아야 합니다.

'공부는 생각보다 어려운 일이고, 습관으로 잡히려면 훨씬 오랜 시간이 걸린다'는 사실을 인지하고 있어야 아이와 부모 모두 스트레스를 덜 받습니다. 그래야 화도 덜 나고 대응도 적절히 이루어집니다. 저희 학원에는 초등부부터 고등부까지 아이들이 있습니다. 그중 몇몇은 초등학생 때부터 대학생이 될 때까지 성장 과정을 지켜볼 수 있습니다. 그런데 소위 SKY에 가는 아이들 대다수는 하나를 알려주면 열을 아는 아이들이 아닙니다. 명문대에 입학하는 아이들도 혼자 공부하도록 놔두면 대개 공부를 멀리합니다. 수년간 무수한 시행착오를 겪고 주변의 도움을 받으며 성취한 결과로 뛰어난 학업 능력을 얻게 된 것이지, 원래부터 그러한 능력을 타고났다고 보기는 어렵습니다. 좋은 학교와 좋은 학원에 아이를 보내는 건 시작일 뿐입니다. 부모는 끊임없이 확인하고 피드백하면서 명목상으로만 공부하는 아이를 올바른 궤도에 올려놓아야 합니다.

둘째, 올바르지 못한 방법으로 공부하는 경우입니다. 다행히 인간은 자신이 하는 일을 효과적으로 하려는 욕구가 있습니다. 잘못된 걸 알기만 하면 스스로 개선하기 위해 애쓰고, 시행착오를 줄이면서 효율 높은 방법을 찾아갑니다. 학원에서 쉽게 볼 수 있는 사례를 살펴보며 개선책을 고민해 보겠습니다.

문제는 푸는데 답도 안 맞춰보고 오답 정리를 안 하는 아이들이 상당히 많습니다. 문제 풀이도 생각하고 고민하는 과정이므로 중요하지만, 잘못 생각한 내용을 수정하려면 채점과 오답 정리도 필수입니다. 몇 시간 또는 몇 십 분 동안 문제를 풀고도 채점조차 하지 않는 아이라면, 매일 책을 검사하고 채점하고 오답 정리를 하도록 독려해야 합니다. 글쓰기도 비슷합니다. 쓴 글을 선생님이 첨삭해 주면 반드시 첨삭 내용을 꼼꼼하게 살피고, 왜 그렇게 첨삭했는지 이유를 찾아 다음에 글을 쓸 때 반영해야 합니다.

단원에서 배운 내용을 반복하지 않고 진도 나가는 데 집중하는 아이들도 있습니다. 어휘집으로 외운 단어는 반복하지 않으면 단기 기억에 잠시 머물다가 사라집니다. 단어 시험을 통과하기 위해 머릿속에 단어를 꾸역꾸역 집어넣지만 반복하지 않아 흔적도 없이 사라지는 경우를 자주 봅니다. 이렇게 하면 시간은 시간대로 들고 남는 건 아무것도 없습니다. 어휘집으로 단어를 외울 때는 기억에서 사라지기 전에 반복해야 합니다. 부모님과 선생님은 계획적으로 반복 암기할 수 있도록 돕고 아이가 잘하고 있는지 수시로 확인해야 합니다. 반복과 곱씹기는 어휘뿐 아니라 암기로 접근하는 모든 학습 영역에 적용됩니다.

셋째, 해당하는 시험에서 요구하는 능력이나 지식이 광범위하여 높은 성적으로 이어지는 데 시간이 필요한 경우입니다. 수능이나 난도 높은 내신 시험, 토플은 한두 달 열심히 한다고 결과가 바로 나오지 않습니다. 이럴 때마다 공부법과 공부 환경을 바꾸는 아이가 많은데, 이 과정이 반복되면 오히려 성적이 떨어집니다. 저는 아이들에게 조급해하지 말고 6개월은 해보고 판단하라고 말합니다. 6개월쯤 되면 공부법이 몸에 익고 능력치도 쌓여 진짜 실력이 드러나기 때문입니다. 물론 조급한 마음을 내려놓고 기다리는 게 쉽지 않습니다. 그럴 때는 아이가 올바른 방향으로 가고 있는지를 판단하는 척도로 메타인지를 이야기합니다. 메타인지란 자신의 생각에 대해 판단하는 능력입니다. 내가 무엇을 어느 정도의 효율로 배우는지 판단하려면 학교나 학원에서 제공하는 정량화된 지표 외에도 수치로 드러나지 않은 다양한 요소를 고려해야 합니다. 메타인지가 발달한 학습자는 노력이 바로 점수에 반영되지 않더라도 종합적으로 판단하여 자신에게 적합한 공부 방법을 유지합니다.

메타인지가 높은 아이는 자신에게 적합한 공부 방법을 스스로 인지하고 찾아서 실천합니다.

그런데 메타인지는 어떻게 기를 수 있을까요? 가장 널리 알려진 방법은 '배운 것을 말로 설명해 보게 하여 자신이 무엇을 알고 무엇을 모르는지 분별하게 하는 것'입니다. 이외에 학원에서 적용하는 방법을 몇 가지 소개하겠습니다. 먼저 공부 항목을 세분화하여 항목별로 걸리는 시간을 공부할 때마다 재고 기입합니다. 이 과정은 시간당 다룰 수 있는 학업량에 대한 인지를 높이고 이 양을 계획적으로 늘려가는 데 도움이 됩니다. 책상에 앉아 있는 시간과 실제로 집중한 시간을 구분해서 기입하고 집중 시간을 늘리려고 시도하는 것도 자신을 인지하는 데 도움을 줍니다. 이미 공부한 내용을 일주일 후에 살펴보고, 다시 한 달 후에 살펴봐서 배운 내용이 시간 경과에 따라 어느 정도 머릿속에 남는지를 확인해 주는 것도 좋습니다.

문법 시험을 볼 때 책을 덮은 상태에서도 보고 오픈북으로도 보는 경험도 하게 합니다. 번갈아 가며 하면 자신이 책을 얼마나 이해하고 활용하는지에 대한 인식이 높아집니다. 또한 시간을 재고 시험을 자주 보게 하는 것도 좋습니다. 시험에 대한 긴장감으로 인해 동기부여에 도움이 되고 집중력이 향상될 뿐 아니라 학습 소화도에 대한 예상치와 객관적 결과를 견주어보며 생각과 현실의 간극을 좁힐 수 있습니다.

지금까지 공부를 해도 성적이 오르지 않는 이유를 세 가지로 정리했습니다. 아이 입장에서 할 수 있는 것은 학업적으로 성장하겠다는 의지를 바탕으로 자신이 배우는 내용의 의의는 무엇이고 어떻게 습득하는 것이 효과적인지를 생각하면서 학습하는 것입니다. 부모님은 아이가 집중한 채로 공부하는지를 확인해 주세요. 아이들이 배우는 내용에 관심을 표현하고, 간략하게나마 설명해 줄 수 있는지 물어봐 주시는 것도 좋은 방법입니다. 이때 추궁하거나 문제점을 찾아내서 꾸짖겠다는 마음이면 곤란합니다. 공부는 혼자 하기가 참으로 힘들다는 걸 공감하고, 할 수 있는 범위에서 힘이 되어주자는 마음으로 접근해 주길 바랍니다.

5

영어
그 이상의 공부

대치동 영어 완전학습 로드맵

공부는
어렵고
힘든 일이다

하버드대 인류학 교수인 조지프 헨릭은 《호모 사피엔스, 그 성공의 비밀》[*]에서 인간이 다른 종보다 뛰어난 배경으로 문화를 꼽습니다. 인간은 선대로부터 배운 행동 양식을 개선하여 후대로 전수하고, 전수받은 방대한 아이디어와 기술을 여러 세대에 걸쳐 발전시키며 문화적 종으로 진화했다고도 말합니다.

문화적 진화는 유전적 진화와 맞물리며, 생물학적인 제약을 뛰어넘어 인류를 새로운 세상으로 이끌었습니다. 이렇게 문화적 종

◆　Henrich Joseph, Yen Jonathan (2017). The Secret of Our Success: How Culture Is Driving Human Evolution, Domesticating Our Species, and Making Us Smarter. Princeton University Press

으로 진화하게끔 이끌어온 인간의 능력은 무엇이었을까요? 바로 타인을 관찰해서 '배우는 능력'◆입니다. 배움은 인류가 수백만 년의 진화를 거듭한 끝에 얻은 치트키(cheat key)입니다. 그런데 이 같은 진화의 산물이자 진화를 이끌어온 능력인 배움을 아이들은 왜 어려워하고, 피하려 하며, 공포스러워할까요?

인류는 구석기시대까지 채집과 사냥을 하며 살았습니다. 일반적으로 백여 명으로 이루어진 집단의 구성원 간에 생존에 필요한 정보들이 공유되었고, 이런 생존 정보들은 다른 집단과 교류하면서 전파되었습니다. 다른 원시 인류보다 뛰어난, 호모 사피엔스의 언어 구사 능력과 사회적인 상황 판단 능력 덕분에 이런 중요한 정보를 문화화할 수 있었습니다.

인간에게는 논리력과 정보처리 능력이 있지만 제한적입니다. 또한 무수한 논리 오류, 편견, 인지부조화, 즉흥적 결정 같은 한계를 나타내기도 합니다. 정보의 문화화는 이런 인간의 인지적 취약성을 사회적인 기준 행동으로 보완합니다. 즉, 수세대에 걸쳐 내려온 정보에 근거해 집단을 보존할 수 있는 행동을 제시합니다. 하지만 구석기시대에는 정보가 입으로만 전달되므로 원시적이었습니다.

◆　Boyd, R., Richerson, P. J., & Henrich, J. (2011). The cultural niche: Why social learning is essential for human adaptation. Proceedings of the National Academy of Sciences, 108(supplement_2), 10918-10925. https://doi.org/10.1073/pnas.1100290108

지역마다 차이가 나지만 인류는 기원전 8000년을 전후로 농경 생활을 시작하며 한곳에 정착합니다. 농경 생활에 익숙해지면서 제한된 공간에서 비교적 많은 양의 식량을 생산할 수 있게 되었습니다. 채집과 사냥을 하며 먹고살 때는 백여 명 남짓이 집단으로 움직였다면, 농사를 짓기 시작하면서 훨씬 많은 사람이 모여 살기 시작합니다.

초원에서 협동하여 살았던 인류의 특성은 관개(irrigation) 공사를 가능하게 하는 대형 협력으로 이어졌습니다. 공동 농경 기술의 발달은 더 많은 식량 생산으로 이어집니다. 먹고 남는 식량이 늘면서 어떻게 보관해야 할지 고민하기 시작되었고 자연스럽게 무역으로 이어졌습니다. 이때 필요한 것은 변하지 않는 확실한 기억력인데 수백만 년 동안 채집과 사냥 속에서 진화한 인간의 두뇌는 이런 대규모 기억에 부적합했습니다. 결국 정보 저장의 제한 상황을 극복하기 위해 만들어진 것이 글입니다.

브리태니커 백과사전의 편집자인 찰스 밴 도렌은 《지식의 역사》◆에서 글을 읽고 쓰는 능력은 고대 메소포타미아문명의 주역인 수메르인이 부와 힘을 얻는 방법이었다고 말합니다. 다만 그 시대에 글을 다룰 줄 아는 사람은 전체 인구의 1퍼센트 미만이었다고

◆   Doren, C. V. (1992). A History of Knowledge: Past, Present, and Future. Random House Publishing Group.

말합니다. 여러 제한이 있었겠지만 이렇게 극소수만 글을 읽고 쓸 수 있었던 것은 인간의 특성 때문이었습니다.

현대 인류의 DNA와 농경 정착이 시작된 만 년 전 인류의 DNA를 분석하면 유전자 조합이 사실상 동일합니다. 인간의 느린 진화 속도 때문입니다. 즉, 현대인인 우리의 천성적인 몸과 마음은 백여 명의 공동 집단 속에서 채집과 사냥을 하고 공동 육아를 하는 데 적합한 것입니다. 만 년 전에는 지구상에 글이 존재하지 않았습니다. 즉, 인간은 글을 읽고 쓰기 위해서 진화하지 않았습니다. 글을 읽고 쓰는 일은 인류 문화 발전의 기폭제가 되었지만, 글을 읽고 쓰는 행위 자체가 인간에는 결코 자연스러운 행위가 아니라는 말입니다.

고대인들이 글을 어려워한 이유는 요즘 아이들이 공부를 어려워하는 이유와 흡사합니다. 고대인과 현대인이 유전적으로 같기 때문입니다. 글이 어렵고 글로 공부하는 과정이 부자연스럽기 때문에 공부를 잘할 수 있는 능력은 고대에나 지금이나 여전히 높게 평가받습니다.

부모님들 중에는 공부가 쉽고 재미있었던 분도 있을 것입니다. 하지만 대다수는 어렵고 힘들었을 것입니다. 쉽지 않겠지만 그때를 떠올려주세요. 그 어떤 조언보다 먼저 '공부는 어렵고 힘들다'는 사실을 아이에게 알려주세요. 이 어렵고 힘든 일을 자신이 하고 있다는 걸 아는 것만으로도 아이는 힘을 얻습니다. 기억해 주세요.

공부를
못하는 데는
이유가 있다

저는 학원에서 매일 수업을 합니다. 그런데 공부를 잘하는 방법보다 공부를 못하는 방법이 더 많다는 사실에 자주 놀랍니다. 때로는 공부를 잘하는 방법보다 못하는 이유를 찾아 해결해 주는 게 더 나을 때도 있다는 뜻이기도 합니다. 아이들이 공부를 못하는 이유를 찾고 그에 대한 해결 방법을 이야기해 찾아보겠습니다.

중요하지만 어려운 숙제를 미루는 아이들

저는 학원에서 아이들에게 읽기 숙제를 다 한 후에 문법과 듣기 숙제를 하라고 지도합니다. 한국의 영어 교육과정에서는 읽기가 차지하는 비중이 가장 크기 때문입니다. 대치동에서 학원에 다니는 아이들은 하루 일과가 굉장히 빡빡합니다. 그렇다 보니 3시간가량 소요되는 숙제를 다 하지 못할 때도 생깁니다. 그럴 때 저는 아이를 다그치기보다는 정말 바쁘면 읽기 숙제만 다 하고 자라고 합니다. 평범한 아이라면 하루 7시간은 자야 합니다. 7시간 이하로 자면 학업 성과를 얻을 수 없습니다. 학원 숙제가 너무 많아 적정 수면 시간을 확보하지 못하는 경우라면 학원 수업을 줄이는 게 맞습니다.

숙제의 우선순위를 정해주는 또 다른 이유도 있습니다. 아이들이 영양가가 가장 낮은 영역부터 공부하려는 경향이 높기 때문입니다. 예를 들면 듣기를 잘하는 아이는 듣기 숙제만큼은 언제나 다 해옵니다. 중학생 아이 중 듣기 문제에 자신 있는 아이라면 학교 듣기 수행 평가는 물론 수능 듣기 영역에서 모두 만점을 받을 확률이 높습니다. 이런 아이라면 듣기 공부 시간을 줄이고 다른 영역을 공부하도록 유도해야 합니다.

보통 듣기를 잘하는 아이는 읽기에 약한 경우가 많으므로 독해 문제나 영어 책을 더 읽게 해야 합니다. 하지만 읽기에 약한 아이는 읽기 숙제를 맨 뒤로 미뤄둡니다. 가끔이지만 읽기 숙제를 다 하지 못하고 오는 경우가 생깁니다. 이런 과정이 수개월 또는 수년 동안 지속되면 읽기 실력이 다른 아이들보다 떨어질 수밖에 없습니다. 다른 아이와 격차가 벌어지는 만큼 아이는 읽기 공부를 더 하기 싫어합니다. 문해력이 핵심인 영어에서 읽기 실력이 부족하면 영어 성적은 떨어질 수밖에 없고 영어는 점점 더 싫은 과목이 됩니다. 이렇게 되면 과목별 공부 비중에도 문제가 생깁니다. 비교적 자신 있는 과목의 숙제를 하느라 영어 숙제를 미루고, 영어 숙제 중에서도 필요성이 가장 덜한 듣기만 할 가능성이 높아집니다.

상담을 하다 보면 "아이가 어렸을 때는 영어를 잘하고 좋아했는데 중학생이 되더니 영어를 싫어하게 되었다."라고 말하는 부모를 자주 만납니다. 아이조차 자신이 왜 영어를 멀리하게 되었는지 제대로 모를 때가 많습니다. 아이 입장에서 보면 부정적인 감정을 불러일으키는 영어 점수에 대해서는 최대한 생각하지 않는 게 안정적인 정신 상태를 유지하는 데 도움이 됩니다. 그나마 듣기 숙제는 했으니 영어 숙제를 일부 했다고 스스로 위안하기도 합니다. 숙제를 덜 한 부분에 대해 지적받으면 그래도 듣기 숙제는 다 하지 않았느냐고 항변합니다. 이런 아이들의 행동과 생각은 결코 이상한 것이 아닙니다.

저(백시영)는 고등학생 때 미국으로 갔지만, 가기 전까지 수능 준비를 했고 모의고사도 여러 번 봤습니다. 모의고사 영어 듣기는 지금보다 쉬워서 다 맞히거나 한 문제 정도 틀렸습니다. 지금 생각하면 당시 제 듣기 능력은 요즘 아이들보다 떨어졌지만, 미국 고등학교 수업을 듣는 데 문제가 없었습니다. 정작 어려웠던 건 논문 형식의 글쓰기였습니다. 가끔 일상을 담은 일기 말고는 글을 써본 적이 없기에, 논문 형식의 'paper' 쓰기가 너무 힘들었습니다. 논문에는 자신의 생각이나 주장은 기본이고, 주장을 뒷받침하는 근거가 담겨야 합니다. 근거로 서적이나 논문의 내용을 인용해야 하므로 시간이 많이 소요될 수밖에 없습니다. 이런 논문 형식의 글쓰기는 감을 잡고 어느 정도 자신 있게 쓰기까지 3년이 걸렸습니다.

학교에서 논문 형식의 글쓰기를 배우면서 하루에 거의 한 번씩 들었던 단어가 있습니다. 바로 procrastination입니다. '지연' 정도로 번역되곤 하는데 crastinate는 라틴어로 '내일'을 뜻하고, procrastination은 '오늘 일을 내일로 미루는 것'을 뜻합니다. 한국에 있을 때는 배운 적이 없는 말인데 미국 선생님들이 유독 자주 했던 말입니다. 논문 형식의 글쓰기를 완성하려면 시간이 꽤 오래 걸리므로 과제를 몇 주 전에 숙제로 공지합니다. 이때 숙제를 시작하지 않고 미루는 행동이 procrastination의 예입니다. 이 시기에 저는 스스로 장기 계획을 세우고 그것을 지키는 훈련을 반복했는데 이 훈련이야말로 그곳에서 얻은 가장 값진 결실이었습니다. 계획을 지키지 않으면 어떻게 되는지 경험을 통해 배울 수 있었기에 스스로 계획하는 습관으로 들일 수 있었습니다.

할 일을 미루면 당장은 편합니다. 하지만 미루면 미룰수록 공부는 더욱 어려워집니다. 물론 아이들이 오늘 할 일을 내일로 미루는 데에는 더 큰 이유가 있습니다. 바로 잘하고 싶은 마음이 커서입니다. 읽기 숙제를 나중으로 미루는 이유는 읽기를 잘하지 못해서이고, 영어 숙제를 맨 뒤로 미루는 이유는 영어 점수가 낮아서입니다. 읽기 점수와 영어 점수를 잘 받고 싶지만 지금 숙제를 하면 못하는 걸 확인받는 셈이라 잘할 수 있을 때까지 기다리는 것입니다.

여기 한 아이가 있습니다. 수학학원에서 몇 시간 동안 머리를 싸매고 문제를 풀었더니 무척 피곤합니다. 머리를 비우고 싶은 마음이 굴뚝같지만 그럴 순 없습니다. 내일은 학교 수업을 마치고 바로 영어학원에 가야 하는데, 아직 영어 숙제를 시작조차 못 했기 때문입니다. 지금부터 읽기 숙제를 집중해서 하면 어느 정도 잘할 수 있다는 것을 알지만, 일단 덜 집중해도 잘할 수 있는 문법 숙제를 하고 듣기까지 마무리합니다. 시계를 보니 벌써 자정입니다. 독해 지문을 빠르게 읽고 객관식 문제를 풉니다. 시간이 조금만 더 있어도 주관식 문제까지 잘 풀 수 있을 것 같은데 시간을 보니 안 될 것 같습니다. 원서 읽기와 영작문 숙제는 못 했지만 다른 숙제를 다 했으니 괜찮은 것 같기도 합니다. 잠시 스마트폰을 보다가 잠이 듭니다.

이 아이는 열심히 공부한 것이 맞습니다. 수학학원에 다니면서 영어학원 숙제를 항상 100퍼센트 다 하기는 어렵습니다. 하지만 이렇게 공부해서는 수능 영어에서 1등급을 받기 어렵습니다. 아이가 가장 먼저 했어야 할 영어 숙제는 원서 읽기와 영작문 숙제입니

◆   Steel, P. (2007). The nature of procrastination: A meta-analytic and theoretical review of quintessential self-regulatory failure. Psychological Bulletin, 133(1), 65-94. https://doi.org/10.1037/0033-2909.133.1.65

다. 책을 읽고 책 내용에 대해 생각하여 그에 관한 글을 쓰고, 쓴 내용과 문법에 관한 피드백을 받은 후 다시 쓰는 것이 가장 중요합니다. 수능이 왜 만들어졌는지 생각하면 왜 학원에서 책을 읽히고 영작을 지도하는지 알 수 있습니다.

수능, 즉 대학수학능력시험(CSAT, College Scholastic Aptitude Test)은 대학입학학력고사의 단점을 보완하기 위해 만든 시험으로 미국 대학입학시험인 SAT(Scholastic Aptitude Test)를 모델로 만들어졌습니다. 용어에서도 알 수 있듯이, 수능은 대학에 입학한 후에 전공과목의 원서를 읽어낼 수 있는지를 판단하는 시험입니다. 따라서 처음 보는 글을 해석하고, 해석한 내용을 표현할 수 있어야 잘 볼 수 있는 시험입니다. 당연히, 수능 영어를 잘 보려면 영어로 쓰진 책을 많이 읽고 영작을 많이 해야 합니다. 이보다 효과적인 훈련은 없습니다. 이때 문법과 어휘는 이 훈련을 잘할 수 있도록 돕는 역할을 합니다. 책 읽기와 영작을 강조하는 현실적인 이유입니다.

한두 번의 시험 점수로 공부 방향을 잡는 아이들

여기 영어 공부를 잘하고 싶은 예비 중3이 있습니다. 그동안 영어 공부를 소홀히 한 탓에 실력이 부족하지만 지금부터라도 바짝 하면 잘할 수 있을 거라고 기대합니다. 일단 학원에서 진행하는 겨울방학 특강 수업에 등록합니다. 그리고 집중해서 열심히 공부합니다.

개학한 뒤에도 학원에 다니며 열심히 공부합니다. 2학년 때와 달리 4월 중간고사도 한 달 전부터 준비합니다. 열심히 공부한 만큼 벌써 점수가 기대됩니다. 그런데 막상 시험지를 받으니 긴장한 탓인지 쉽지 않습니다. 주관식 문제 난도가 2학년 때보다 훨씬 높아졌고, 기출문제에 없었던 지문 변형 문제도 보이니 무척 당황스럽습니다. 영작 문제를 읽고 답하는 데도 시간을 너무 많이 썼습니다. 시계를 보니 시험 종료가 코앞입니다. 답안지에 푼 문제를 옮겨 적은 후 미처 풀지 못한 문제는 찍습니다.

분명 2학년 때보다 공부를 훨씬 많이 했는데 점수는 오히려 낮아졌습니다. 그렇게 좋아하는 컴퓨터 게임을 참아가며 열심히 공부했는데 결국 이런 점수를 준 세상이 야속합니다. 부모님도 실망한 눈치입니다. 갑자기 영어가 미워지고 싫어집니다. 어차피 영어는 나와 맞지 않는 과목이라며 학원을 그만둡니다.

기말고사는 학교 수업만 듣고 최소한으로 준비합니다. 긴장하지 않았던 덕인지 문제가 오히려 쉬워 보입니다. 기대하지 않았는데 90점을 받습니다. 90점은 지금껏 받았던 점수 중 가장 높은 점수입니다. 아이는 '영어학원에 다니며 열심히 공부하는 것과 점수 향상은 비례하지 않는구나.'라고 생각합니다. 생각보다 높은 점수를 받으니 자기 생각을 확신하며 2학기 내내 혼자서 내신 시험만 준비합니다.

고등학교에 입학하고 첫 시험을 치릅니다. 내신 시험 평균 점수가 50점인데 아이는 45점을 받습니다. 고등학교 내신 시험은 기초가 중요한데 아이는 지금껏 내신 시험만 준비하느라 기초를 소홀히 했기 때문입니다. 따지고 보면 아이가 중학교 3학년 1학기 기말고사에서 90점을 받을 수 있었던 것은 중2 겨울방학 동안 열심히 공부한 덕입니다. 그런데 한두 번의 시험 점수만으로 이후의 공부 방향을 완전히 잘못 잡으면서 문제를 키운 것입니다.

영어 공부는 한두 달 바짝 한다고 성적으로 바로 드러나지 않습니다. 무엇보다 중학 영어는 기초를 탄탄히 하여 고등 시험에 대비하는 과정입니다. 그런데 내신 시험만 준비하면 성적은 잘 나올지 언정 고등 시험에는 전혀 대비가 되지 않습니다. 점수만 신경 쓰다 방향을 잘못 잡아 고등학교 첫 시험을 망치는 아이들이 너무나 많습니다. 단기적으로 점수를 관리하는 것과 더불어 장기적으로 고등 시험에 대비하는 공부를 하고 있는지 꼭 체크해 보기 바랍니다.

자꾸만 약점을 숨기려는 아이들

세상 모든 아이는 공부를 잘하고 싶어 합니다. 그런데 모든 아이가 공부를 잘하기는 힘듭니다. 이럴 때 아이들은 보호막을 칩니다. 바로 '숨기기'입니다. 잘하는 모습만 보여주고 부족하거나 부정적인 모습은 타인에게는 물론 자신에게도 숨깁니다. 그래야 긍정적인 자아상이 유지되기 때문입니다. 세상을 살아가는 데는 어느 정도 필요한 자세이지만 공부할 때만큼은 피해야 할 자세입니다.

영어 지문을 읽을 때는 전반적인 흐름을 파악하는 것이 중요합니다. 기본 중 기본입니다. 동시에 단어 하나하나가 문장 속에서 어떤 역할을 하는지 아는 것도 중요합니다. 수능과 내신 둘 다 이 두 가지 능력을 함께 평가하는 시험이기 때문입니다.

어려서 원서를 많이 읽은 아이들 중에는 전치사를 해석하지 못하는 아이가 종종 있습니다. 문장에서 전치사가 어떤 뜻으로 쓰였는지 몰라도 줄거리나 흐름을 이해하는 데는 문제가 없기 때문입니다. 이런 아이들에게는 지문 전체에서 한 문단만 집어서 해석해 오라는 숙제를 냅니다. 물론 꽤 많은 아이가 스스로 해석하지 않고 번역기가 알려주는 대로 받아 적어옵니다. 스스로 번역하는 것보다 쉽고 시간도 절약할 수 있어서입니다. 보통 이럴 때는 구나 단어, 즉 문장 일부를 해석해 보라고 합니다. 번역기에 기대서 해석해 온 아이들은 매우 짧은 문장인데도 제한된 시간 안에 정확하게 해석해 내지 못합니다. 어순이 전혀 맞지 않게 해석하거나 아예 다르게 해석하는 아이도 있습니다. 함께 수업을 듣는 친구들은 이상하다고 여깁니다. 문장 전체에 대한 해석은 술술 말하던 아이가 문장 일부는 왜 제대로 해석하지 못하는지 의아해하기도 합니다.

모든 아이의 해석을 듣고 난 후에 한 단어 한 단어를 매칭해서 정확하게 해석해 줍니다. 이렇게 정확하게 해석하는 것이 얼마나 중요한지 이야기하고, 번역기를 사용하면 결코 실력이 오르지 않는다는 이야기를 덧붙입니다. 경험해 보면 바로 알 수 있는 내용이라 다들 쉽게 납득합니다. 물론 해석을 이상하게 한 아이는 창피하고 기분이 상할 수 있습니다. 하지만 감정적인 변화 없이 행동을 변화시키기는 어렵습니다. 자극을 받아야 바뀌는 게 사람입니다. 대신 다음번에 제대로 해석해 오면 크게 칭찬하는 것을 잊지 않습니다. 이렇게 지도를 해도 아이가 계속 자신의 약점을 숨기고 부족한 부분을 메우려고 노력하지 않으면 영어 실력은 좀처럼 늘지 않습니다.

학원에 아이가 오면 단어 시험과 더불어 매일 한 개 이상의 시험을 보고 점수를 기록합니다. 작문 시험은 제가 채점하지만, 객관식 시험은 서로 다른 친구들의 시험지를 채점하게 합니다. 시험지를 돌려받은 아이에게는 점수가 몇 점인지 물어봅니다. 신기하게도, 받은 점수와 상관없이 바로 명확하게 점수를 말하는 아이는 우물쭈물하며 얼버무리는 아이보다 학습 태도가 좋고 발전 속도도 빠릅니다. 물론 주의할 점도 있습니다.

여기서 핵심은 자신의 객관적인 실력을 알게 하는 것입니다. 객관적인 확인을 거치지 않으면 아이들은 자신의 긍정적인 이미지를 유지하기 위해 공부에 방해되는 행동을 너무 많이 합니다. 오직 실력을 높이는 데만 집중할 수 있도록 아이들을 도와야 합니다. 매일 시험을 보고, 점수를 공개하고, 실력을 확인하게 하는 이유입니다.

미리 기대를 낮추는 아이들

시험을 보기도 전부터 "망했다.", "다 찍어야 해.", "내가 제일 못 볼 것 같아."라고 말하는 아이들이 있습니다. 저는 지금껏 "난 잘 볼 수 있을 거야!"라거나 "공부했으니 쉬울 거야." 같은 이야기를 들어본 적이 없습니다. 저는 이럴 때 아이들에게 "매트리스를 깔지 말자."라고 말합니다. 여기서 말하는 매트리스는 air mattress로 높은 곳에서 떨어지는 사람이나 동물이 다치지 않도록 바닥에 깔아두는, 공기가 가득한 매트를 말합니다. 시험을 보기도 전에 누가 묻지도 않았는데 자신은 못할 거라고 반 전체와 선생님에게 공표하는 건 자기 방어(self defense) 기질 때문입니다. ◆

아이들은 누구나 친구, 부모님, 선생님 같은 타인의 기대에 부응하려 애씁니다. 하지만 늘 기대만큼 잘할 수는 없습니다. 결과가 기대를 밑도는 일이 반복되면 아이들은 타인의 기대를 낮추려는 시도를 합니다. 기대가 낮으면 실망할 일도 없기 때문입니다. 자신의 점수가 낮을 거라 기대하게 만드는 일입니다. 인간이 얼마만큼 사회적 동물인지 알 수 있는 순간입니다. 하지만 말은 힘이 셉니다. 자신이 잘 못할 거라고 말하는 것은 다른 사람들의 기대를 낮

◆　Torok, L., Szabo, Z. P., & Toth, L. (2018). A critical review of the literature on academic self-handicapping: Theory, manifestations, prevention and measurement. Social Psychology of Education, 21(5), 1175-1202. https://doi.org/10.1007/s11218-018-9460-z

출 뿐 아니라 자기 자신에 대한 기대까지 낮춥니다. 실제로 인간은 기대와 예상에 따라서 행동하는 경향이 높습니다.

심리학에서는 긍정적인 기대나 관심이 그 사람에게 좋은 영향을 미치는 현상을 피그말리온 효과 또는 로젠탈 효과라고 부릅니다. 피그말리온은 그리스 신화에 등장하는 인물로 자신이 만든 여인상을 사랑하게 된 조각가입니다. 아프로디테는 피그말리온의 사랑에 감동하여 여인상에 생명을 불어넣어 줍니다. 이처럼 간절히 원하면 이루어지는 일을 피그말리온 효과라고 부릅니다.

로젠탈 효과◆는 타인의 기대 효과를 포괄하는 용어입니다. 1964년에 심리학자인 로젠탈과 초등학교 교장 출신인 제이콥슨은 한 초등학교를 방문하여 IQ 테스트를 진행합니다. 그 후 IQ지수와 상관없이 무작위로 명단을 뽑고, 담임교사에게 명단을 전달하며 지적 능력이 우수한 아이들 목록이라고 말합니다. 8개월 후에 IQ 테스트를 다시 했더니 무작위로 뽑혔던 아이들의 지능지수와 성적이 모두 다른 아이들보다 높아졌습니다. 즉, 교사의 높은 기대가 아이들에게 영향을 끼쳤다는 말입니다.

저는 아이들에게 이런 '기대 효과'에 대해 이야기해 주고 기대를 낮추려 하지 말자고 이야기합니다. 자기 자신은 물론 타인에게도 "잘 볼 수 있다!"라고 말해야 더 잘 볼 수 있고, "나 망할 것 같아!"라고

◆ Rosenthal, R., & Jacobson, L. (1968). Pygmalion in the classroom. The Urban Review, 3(1), 16-20. https://doi.org/10.1007/BF02322211

말하면 정말 망할 수도 있는 게 시험이라고 이야기해 줘야 합니다.

자기 점수를 받아들이지 않는 아이들

남보다 시험 점수가 낮은데 기분 좋을 아이는 없습니다. 이럴 때 아이는 나쁜 기분으로부터 자신을 보호하기 위해 앞에서 설명한 것처럼 자신과 타인의 기대를 낮춥니다. 그리고 애써 '지금은 점수가 낮지만 다음에 공부를 열심히 제대로 하면 좋은 점수를 받을 수 있을 거야!'라고 생각하며 불쾌한 감정에서 벗어나려 합니다. 열심히 공부했는데도 점수가 낮으면 빠져나갈 구멍이 없어지면서 비참해지기 때문입니다. 물론 단기 결과로 자신을 판단하는 것은 옳지 않습니다. 그럼에도 점수를 피하지 말고 온전히 자기 것으로 받아들여야 합니다. 현실을 외면하는 태도가 장기간 반복되면 '공부하면 잘할 수 있다.'라는 생각이 '나는 영어를 잘 못해.'라는 생각으로 바뀌기 때문입니다.

많은 아이들이 다른 아이들보다 낮은 점수를 받으면 점수가 낮은 이유(어쩌면 핑계)를 찾습니다. 같은 반 아이들끼리 서로 위로를 주고받으려는 시도도 합니다. 하지만 저는 이런 시도를 제가 있는 공간에서는 허용하지 않습니다. 공부를 객관적인 시험 점수로 평가받는 것을 당연하게 받아들여야 하기 때문입니다. 이유를 찾기 시작하면 끝이 없습니다. 이유를 찾지 말고 이게 내 점수라는 사실을 받아들여야 합니다. 제가 평소에 자주 하는 말이 있습니다.

"Individual students need to have full ownership of whichever test scores they get. (너희 각자가 받은 점수는 (누구의 덕도 탓도 무슨 이유도 아닌) 온전히 네 것이다." 그리고 학생들에게는 이렇게 이야기합니다. "You've got to own it! (점수를 온전히 네 것 받아들여라!)"

인간의 행동을 조절하는 것은 감정입니다. [*] 아이들이 실패를 두려워하는 이유는 결과 자체보다 실망스러운 결과가 불러오는 심리적 타격 때문입니다. [**] 이럴 때 부모는 아이가 점수와 감정을 왜곡하지 않고 그대로 받아들일 수 있도록 도와야 합니다. 공부가 힘든 것이 당연하고, 공부할 때 부정적인 감정과 생각이 들 수 있다고도 알려줘야 합니다. 공부 결과(점수) 역시 한 만큼 나올 때도 있지만 더 나오거나 덜 나올 때가 있다는 것도 알려줘야 합니다. 그럼에도 열심히 하면 실력은 쌓이기 마련이므로 너무 조급해하지 말자고 말해주길 권합니다.

◆ Inzlicht, M., Legault, L., & Teper, R. (2014). Exploring the Mechanisms of Self-Control Improvement. Current Directions in Psychological Science, 23(4), 302-307. https://doi.org/10.1177/0963721414534256

◆◆ Schwinger, M. (2013). Structure of academic self-handicapping-Global or domain-specific construct? Learning and Individual Differences, 27, 134-143. https://doi.org/10.1016/j.lindif.2013.07.009

스스로
문제를 해결할 때
실력이 오른다

    공부 잘하는 비결을 외부에서 찾는 사람이 많습니다. 하지만 공부를 잘하는 사람은 모두 압니다. 내가 바뀌지 않으면 주위 환경이 아무리 달라져도 아무것도 변하지 않는다는 것을요. 실제로 공부를 잘하는 아이들은 주어진 상황을 받아들이고 그 안에서 자신의 능력을 최대로 끌어올리는 데 집중합니다.

    자신의 능력을 최대로 발휘하는 방법은 의외로 단순합니다. 영어 시험이라면 지문을 집중해서 읽고, 문제가 원하는 답이 무엇인지 생각한 후, 보기에서 가장 적당한 답을 골라냅니다. 모든 문제를 이렇게 풀면 자신의 능력 대비 가장 높은 결과가 나옵니다.

    공부할 때도 마찬가지입니다. 중·고등 영어 책은 대다수기 문제집입니다. 문제집에는 개념 설명이나 문제에 접근하는 방식도 담겨 있지만 대부분 문제로 채워져 있습니다. 문제집을 풀 때 아이들이 가장 집중할 일은 '문제에서 정답을 찾으려는 노력'입니다. 이런 노력을 돕기 위해 개념 설명이 있고 문제 접근 방법도 있는 것입니다. 문제는 정답을 그냥 보여주지 않습니다. 개념을 아무리 많이 공부해도 문제를 예상하지 않고 공부하면 남는 것이 많지 않습니다.

총명한 아이들이 공부를 못할 때는 이유가 있습니다. 그중에서 가장 흔한 이유는 문제를 대하는 잘못된 태도입니다. 독해 문제든 문법 문제든 답을 그냥 알려주지 않습니다. 지문-문제-보기를 분석해서 문제가 원하는 답을 예상해 보고, 확실하지 않지만 보기에서 답을 골라보고, 채점을 해서 맞았는지 확인해야 합니다. 예상이 맞았다면 앞으로도 같은 방법으로 문제를 풀고, 틀렸다면 올바른 다른 방법을 찾아야 합니다. 새로운 방법으로 비슷한 문제를 풀고 채점하고 확인하는 과정을 거치며 이 방법이 적절한지를 검증할 수 있습니다. 이런 과정에 익숙해지면 자신의 공부 기초 능력을 최대로 발휘할 수 있고 그만큼 점수도 잘 받을 수 있습니다. 반대로 이 과정을 멀리하면 총명하지만 공부는 못하는 아이로 남을 수밖에 없습니다.

① 지문과 문제를 집중해서 바라보고, ② 어떤 답이 있을지 고민하여 답을 골라내고, ③ 답이 맞았는지 해답과 비교하고, ④ 답이 틀렸다면 오답 정리하는 일은 꽤나 번거롭고 피곤한 과정입니다.

뇌는 본능적으로 쉽고 편한 일을 좋아합니다. 최소의 에너지를 소비해서 최대의 결과를 얻고 싶어 합니다.

지문과 문제를 대충 읽고 이해되는 대로 답을 고르고, 이해되지 않으면 찍는 것이 가장 편합니다. 어린아이일수록 문제를 풀라고 하면 "모르는 문제는 찍어도 되나요?"라고 자주 묻습니다. 깊게 고민하고 싶지 않기 때문입니다. 그런데 세상에는 100퍼센트 이해되는 문제가 많지 않습니다. 많은 문제가 조금씩은 이해가 덜 되는 구석이 있습니다. 이런 문제들 앞에서 모르는 문제를 찍어도 되냐고 묻는 것은 모르는 문제이니 찍겠다고 선생님과 동급생에게 알리려는 시도입니다. 교실은 사회적인 공간이므로 선생님을 포함한 다른 사람들이 자신의 행동을 어떻게 생각하느냐가 중요하기 때문입니다.

아이들이 클수록 선생님에게 묻지도 않고 바로 "찍어야지!"라며 교실에서 공표하는 일이 잦습니다. 낮은 점수에 미리 대비하려는 마음을 드러내는 말입니다. 열심히 풀었는데 다른 아이들보다 점수가 낮으면 자존심도 상하고 속상할 걸 대비해 안전장치를 만들려는 시도입니다. 분명히 열심히 풀 거면서 찍겠다고 말하는 아이도 있습니다. 하지만 앞에서도 말했듯이 말의 힘은 매우 셉니다. 기대를 낮추는 말을 자주 하는 아이일수록 찍는 일이 늘고, 그 말을 옆에서 자주 들은 아이일수록 찍는 비율이 높아집니다.

그래서 저는 시간이 부족한 경우가 아니라면 찍는 문제는 없어야 한다고 말합니다. 문제를 대충 푸는 아이도 지문과 문제를 전혀 이해하지 못하는 경우는 드뭅니다. 일부 이해한 내용을 바탕으로 정답이 무엇인지 추정하는 셈입니다. 바로 이 추정하는 과정을 누가 얼마나 열심히 하느냐로 시험 점수가 갈립니다. 공부를 잘하느냐 못하느냐는 이 추정 과정의 양과 집중력의 곱으로 결정됩니다.

선생님이 문제에 접근하고 정답에 도달하는 과정을 아이들에게 예로 보여줄 수 있습니다. 하지만 선생님에 비해 영어 실력이 현격히 떨어지는 아이들에게 선생님의 방법이 유용한지는 알 수 없습니다. 오히려 대다수 아이들에게는 적용하기 힘든 방법일 가능성이 높습니다. 따라서 예시는 다양한 방법 중 하나라고 일러주고 아이 스스로 자신에게 맞는 방법을 찾도록 유도해야 합니다. 이때 문제를 맞히려는 아이의 의지와 시간 투자가 성패를 가릅니다.

예를 보여주는 것은 선생님이 어떻게 문제를 분석하고 정답에 도달하는지에 대한 설명입니다. 이보다 더 좋은 방법은 아이가 이해하지 못한 것만 알 수 있도록 유도하는 것입니다. 대부분의 경우 문제를 잘못 이해했거나 문맥을 고려하지 않아 한두 단어의 뜻을 오해했기 때문에 정답에 접근하지 못합니다. 이때 선생님의 한두 마디가 정확한 이해로 이어지는 경우가 많습니다. 아이들의 시간은 글로 써진 정보를 습득하고 생각하고 정답을 찾는 과정에 투자해야 합니다. 선생님의 친절한 설명을 잘 이해하는 습관을 들이면 스스로 이해할 필요가 없어집니다. 아이들은 자신의 영어 실력이 향상되느냐 마느냐가 선생님에게 달려 있다고 착각합니다. 아이들이 명강사의 수업을 찾아 헤매는 이유입니다. 하지만 그 어떤 명강사의 수업도 듣기만 해서는 결코 실력으로 이어지지 않습니다.

완벽한 학습 자료로 공부한 학생들과 일부 오류가 있는 자료로 공부한 학생들의 이해 정도를 측정한 실험이 있습니다. 일반적인 학습 능력이 있는 경우에는 일부 오류가 있는 자료로 공부한 학생들의 성적이 더 높았습니다. ◆

수업 환경 면에서 보면, 말실수가 어느 정도 있는 선생님의 수업을 들은 학생들이 말실수 없는 완벽한 선생님의 수업을 들은 학생들보다 평균적으로 성적이 더 높습니다. 말실수가 있는 수업을 듣는 아이들은 올바른 내용을 추정해야 하므로 머리를 더 쓰게 되고, 결과적으로 집중력과 몰입도가 높아져 배운 내용을 더 잘 이해했기 때문입니다.

교실에서 선생님들은 아이들의 특성을 파악하여 각 아이에게 맞는 공부법을 알려주고, 왜 이 방법을 쓰는지 모든 아이가 이해할 수 있도록 지도해야 합니다. 하지만 아이가 스스로 읽고 이해해야 하는 책, 지문, 문제, 보기 등을 대신 읽고 알려주지는 말아야 합니다. 이렇게 떠먹여 주는 공부로는 아이 실력을 결코 높여주지 못하

◆　McNamara, D. S., Kintsch, E., Songer, N. B., & Kintsch, W. (1996). Are good texts always better? Interactions of text coherence, background knowledge, and levels of understanding in learning from text. Cognition and instruction, 14(1), 1-43.

기 때문입니다.

혹자는 아이들이 이것저것 먹다 탈이 나지 않도록 좋은 음식만 가려서 주는 식의 수업이 좋은 수업이라고 말합니다. 추론 없이 지식만 암기하는 학력고사에서라면 의미가 있지만, 처음 보는 지문을 분석해서 문제를 풀어야 하는 수능에는 적합하지 않은 방식입니다. 수능을 잘 보려면 먹이를 스스로 사냥하고 자신에게 어떤 사냥법이 적합한지 스스로 알아가야 합니다. 선생님은 사냥한 동물에서 고기를 어떻게 적축하고 어떻게 요리하는지 예를 보여주고, 각각의 방법에 대해 장단점을 알려줍니다. 그리고 아이들이 직접 연습하고 훈련해 보면서 자신에게 가장 적합한 방법을 찾도록 유도해야 합니다.

이 과정을 충분히 거치면 자신만의 공부 방법이 완성되고 실수가 줄어듭니다. 이쯤 되면 컨디션에 따라 성과가 오르락내리락하지 않고 일정해집니다. 반복된 성공은 자신감으로 이어지고, 자신감은 중요한 순간에 제 실력이 발휘되도록 돕습니다.

공부도
오랫동안 꾸준히
열심히 해야 한다

타고난 재능이 없어도 웬만한 일은 오랫동안 꾸준히 열심히 하면 언젠가 잘하게 됩니다. 공부도 마찬가지입니다. 그런데도 사람들은 의심합니다. 분명 뭔가 더 쉽고 빠른 방법이 있을 것 같아서입니다. 나는 어렵고 힘든데 다른 사람은 힘들이지 않고 쉽게 해내는 것처럼 보이기 때문입니다. 그래서 지금 내가 공부하는 방법이 잘못된 게 아닐지 의심합니다.

꾸준히 오랫동안 공부해 온 아이들

영어도 마찬가지입니다. 똑같이 하는데 훨씬 잘하는 아이가 있습니다. 언어 지능이 탁월하거나 그 아이만의 특별한 공부법이 있을 거라 여겨집니다. 하지만 아무리 들여다봐도 언어 지능이 평범하고 공부법도 남다르지 않습니다. 그렇다면 어떤 차이 때문일까요? 똑같이 해도 훨씬 잘하는 아이들은 이미 학습량을 채운 경우가 많습니다. 어릴 때부터 꾸준히 쌓아올린 학습량이 뭉쳐져 이제는 남들과 똑같이 굴려도 훨씬 큰 눈덩이를 만들 수 있게 된 것입니다. 공부에는 왕도가 없습니다. 결국 공부를 잘하느냐 못하느냐는 일정한 양을 꾸준히 지속했는지 여부에 달렸습니다.

유혹을 이겨내며 공부하는 아이들

공부를 꾸준히 열심히 해온 아이들은 학습 과정에서 맞닥뜨리는 수많은 유혹, 고난, 고비를 이겨낸 아이들이기도 합니다. 주위를 둘러보면 공부할 시간에 친구들과 PC방에서 게임을 하는 아이들이 있습니다. 함께하는 놀이는 서로를 더욱 끈끈하게 연결해 줍니다. 게다가 게임은 경쟁이 더해진 놀이라 더욱 흥미진진합니다. 즐거움을 공유하니 서로 더욱 가까워질 수밖에 없습니다. 아이든 어른이든 다른 사람과 친해지는 과정은 재미있고 약간은 자극적인 환경 속에서 더 잘 이루어집니다. 아이들이 어울려서 노는 것은 이런 사회성을 기르는 일종의 훈련입니다. ◆

사춘기 아이는 또래 아이들과 이전보다 더 자주, 더 많이 어울

◆　Bohlke, D., & MacIntyre, P. (2020). Reading Explorer 2. Cengage Learning.

리고 싶어 합니다. 그런데 이 시기에도 여전히 공부를 하는 아이들은 사회적 욕구가 덜한 아이일까요? 그렇지 않습니다. 친구들과 어울리며 놀고 싶은 욕구를 참아가면서 공부를 하고 있는 것입니다. 유혹을 견뎌내는 힘, 즉 자기 통제력이 강한 아이들입니다. 격려하고 지지하고 칭찬해야 합니다. 더불어 아이가 사회적 욕구를 해소할 수 있도록 도와야 합니다. 가장 쉬운 방법은 또래 아이들이 함께 모여 공부하게 하는 것입니다. 바로 학원 보내기입니다. 아이들은 학원에 와서 공부만 하지 않습니다. 웃고 떠들고 어울리고 경쟁하며 사회적 욕구를 해소합니다. 혼공(혼자 공부하기'의 줄임말)이나 과외보다 효율이 떨어질 것 같은 학원 공부가 지속성도 높고 장기적으로 더 효과가 높은 이유입니다.

과외 경험이 있는 부모라면 수긍할 것입니다. 과외를 시작하면 처음 한두 달은 아이도 열심히 따릅니다. 그런데 몇 달만 지나도 수업 시간에 덜 집중하는 듯 보이고 수업 준비도 대충 하는 듯 보입니다. 아이가 유달리 나태해서가 아닙니다. 과외로는 사회적 욕구를 충족할 수 없기 때문에 지속하기 어려운 것입니다. 단기 과외는 필요할 때가 있지만 장기간 하지 말라고 하는 이유이자, 사춘기 시기만큼은 학원에 보내라고 하는 이유입니다.

자기 통제력이 높은 아이는 어떻게 성장할까?

공부를 잘하는 데 필요한 인내심과 다른 욕구를 절제할 수 있는 자기 통제력은 공자가 말한 이상적인 인간의 덕목에 포함됩니다. 이 두 능력을 성공을 위한 재료로 바라보는 시각도 있습니다. 대표적인 실험이 스탠퍼드대에서 진행한 마시멜로 실험입니다. 이 실험에서는 아이에게 마시멜로를 한 개 준 뒤 15분 동안 먹지 않고 기다리면 한 개 더 주겠다고 말합니다. 그리고 아이 혼자 교실에 남겨둔 채 15분 동안 마시멜로를 먹지 않고 기다리는지 관찰합니다. 실험은 여기서 끝나지 않습니다. 15분을 참지 못하고 먹은 아이들과 참아낸 아이들이 어른으로 어떻게 성장했는지 추적합니다. 결과는 어땠을까요? 참아낸 아이들은 참지 못한 아이들보다 평균적으로 교육 수준과 연간 수입이 높았으며, 이혼율은 낮았고, 더 건강했습니다. [◆]

우리가 아이들에게 공부를 강조하는 이유는 공부가 힘겨운 과정을 포기하지 않고 꾸준히 열심히 해야 얻을 수 있는 결과이기 때문입니다. 영화, 드라마, 애니메이션, 책에서는 공부 잘하는 아이의 전형(stereotype)으로 '공부밖에 모르는 아이, 공부는 잘하지만 대인관계는 서툰 아이, 공부만 하는 외톨이, 성적을 올리기 위해서 이기적인 방법을 동원하는 아이'가 등장합니다. 하지만 실제로 이런 아이들을 곁에서 본 적이 있나요? 저는 거의 보지 못했습니다. 성적

◆　Mischel, W., Shoda, Y., & Rodriguez, M. L. (1989). Delay of Gratification in Children. Science, 244(4907), 933. https://www.proquest.com/docview/213543080/abstract/A67A9319FD2496EPQ/1

과 품성이 모두 뛰어난 아이가 대다수였습니다. 당연합니다. 공부는 아이의 학습 성취 능력을 평가하는 지표이자 품성을 간접적으로 드러내는 지표이기 때문입니다.

제가 지금껏 봐온 친구들이나 제자들을 떠올려봐도 청소년기에 하고 싶은 것을 참으며 열심히 공부한 아이들이 최상위권 대학에 입학했습니다. 대학에 가서도 자기 통제력을 무기 삼아 노력을 게을리하지 않아서인지 얻고자 하는 직업이나 하고자 하는 일로 더 수월하게 넘어갔습니다. 물론 남들이 부러워하는 좋은 대학과 직장이 성공을 보장하지는 않습니다. 그렇지만 성장의 발판이 되는 것만은 확실합니다. 단순히 성적이 높아서가 아니라 성적을 높이기 위해 취한 아이의 기질이 성공 가능성을 높인 것입니다.

공부를 잘한다는 아이 대다수는 수많은 유혹을 참아내고 해야할 일을 먼저 하는 아이입니다. 힘들어도 포기하지 않고 결국 해내고야 마는 아이입니다. 이런 아이라면 어른이 되어서도 쉽게 무너지지 않고 자기 할 일을 결국 해내고야 맙니다. 청소년 시기의 공부가 단순히 공부로 끝나지 않는다는 말입니다. 부모와 선생님이 아이의 공부를 더 신경 쓰며 도와야 하는 이유입니다.

공부도
잘할 수 있다고
믿어야 잘한다

자, 여기 두 아이가 있습니다. A는 공부머리는 타고난 것이라 바꾸지 않는다고 믿습니다. 반면 B는 공부머리는 후천적으로 바뀔 수 있는 것이므로 공부를 하면 할수록 좋아진다고 믿습니다. 두 아이 중 누가 공부를 잘할까요? 조금 뻔해 보이는 질문이지만 답을 찾아보겠습니다.

공부머리는 타고난다고 믿는 아이

A는 하늘이 자신에게 내려준 재능을 찾으려 애를 씁니다. 여러 분야에 도전해 보고 적성을 찾아보려 합니다. 아이가 다양한 분야에 도전해 보는 건 칭찬받아 마땅한 일입니다. 그런데 적성은 그

렇게 한두 번 시도한다고 쉽게 찾아지는 것이 아닙니다. 공부도 마찬가지입니다. 잠깐 바짝 해보고는 "이건 내 적성이 아니야." 또는 "이건 나랑 안 맞아!"라고 말하는 아이를 너무 자주 봅니다.

제(백시영) 부모님은 평생 일하며 바쁘게 사셨습니다. 모든 일이 그렇듯 늘 탄탄대로는 아니었습니다. 좋을 때도 있고 힘들 때도 있었는데 그때마다 집안 형편도 달라졌습니다. 유아기에는 집안 형편도 넉넉지 않았지만 제가 단체 생활을 낯설어한 탓에 유치원 교육과정을 거치지 않았고 바로 초등학교에 입학했습니다. 당시 바빴던 부모님은 제 입학 준비를 따로 챙길 수 없었습니다. 초등학교에 입학하고 저는 깜짝 놀랐습니다. 정원이 60명 남짓이었는데 저를 뺀 모든 아이가 한글을 읽고 쓸 수 있었습니다. 학생 수는 넘치고 교실이 부족했던 시기라 오전반과 오후반으로 나뉘어 있었습니다. 한 선생님이 학생 120명을 관리할 때라 한글을 읽지 못하는 저를 배려하는 건 불가능했습니다.

교실에서는 아이들 간에 다툼도 많았습니다. 그중 일부는 아이들을 괴롭히기도 했는데 대상이 저일 때도 있어 신경성 복통에 시달리기도 했습니다. 조퇴와 결석이 잦았지만 학교와 마찬가지로 집에서도 방치되었습니다. 아무런 희망 없이 1년 내내 의무감만으로 학교에 다녔습니다. 사람은 자신의 과거를 미화하는 경향이 짙은데, 그 1년에 대해서는 도무지 즐거운 기억이 없는 걸 보면 정말 힘든 시기였던 게 분명합니다. 신기한 건, 그렇게 1년을 보냈어도 2학년이 될 무렵에는 한글을 읽을 수 있게 됐다는 것입니다.

글을 읽을 수 있게 되면서 제 학교생활이 완전히 달라졌습니다. 성적이 눈에 띄게 올랐고(지금은 초등학교에서 시험도 덜 보고 등수를 적지 않지만, 당시에는 시험도 자주 보고 성적과 등수를 공개했습니다), 괴롭히는 아이는 사라졌고, 선생님은 제 이야기에 귀 기울여주셨습니다. 어렸지만 공부가 삶을 완전히 바꿀 수 있다는 걸 경험한 저는 공부를 잘하고 싶다는 마음이 깊게 자리 잡았습니다. 그래서일까요? 그렇게 못하고 싫었던 공부였지만 한 해 만에 공부는 제 희망이자 무기가 되었습니다. 이처럼 학습 효과는 어느 한순간에 갑자기 나타날 수 있습니다. 따라서 공부는 결과를 조금 길게 바라봐야 합니다. 최소 1년을 지켜보라고 하지만 힘든 경우라도 최소한 몇 개월은 지켜보길 권합니다.

재능을 맹신하는 아이는 비교적 잘하지 못하는 분야에 시간을 들이려 하지 않습니다. 자신이 좋아하고 재능이 있는 분야에서조차 좀 더 잘할 수 있는 특정 영역을 파고들려고 합니다. 영어에 흥미를 보이고 또래보다 영어 실력이 좋은 아이인데, 좀 더 자신 있는 듣기만 열심히 공부하고 어휘는 등한시하기도 합니다. 많은 아이

◆ Mitchell, T. R., Thompson, L., Peterson, E., & Cronk, R. (1997). Temporal Adjustments in the Evaluation of Events: The "Rosy View." Journal of Experimental Social Psychology, 33(4), 421-448. https://doi.org/10.1006/jesp.1997.1333

가 어휘 공부를 어려워하고 단어 시험 점수도 낮기 때문에 자연스러운 현상처럼 보입니다. 하지만 이렇게 공부하면 중학생만 되어도 힘들어집니다. 회화 능력과 더불어 논리력을 요구하는 한국식 문법을 공부해야 하기 때문입니다. 이때도 아이는 잘하지 못하는 문법을 멀리하므로 성적은 점점 더 낮아집니다. 자꾸 낮은 성적을 받으면 아이는 '나는 영어를 못하는구나.'라고 단정합니다.

인간은 무언가를 하나 얻었을 때 느끼는 기쁨보다 무언가를 하나 잃었을 때 느끼는 슬픔을 더 크게 여깁니다.◆ 어릴 때부터 잘하는 것을 찾아다니는 아이는 무언가를 못했을 때 느낀 상실감과 실망감이 무언가를 잘했을 때 느낀 성취감을 압도하므로 자신이 비교적 약한 영역을 포기할 가능성이 높습니다. 애초에 시도하지 않으면 실망할 일도 덜하기에 미리 못한다며 포기하고 도망치는 것입니다.

재능에 의존하는 아이일수록 평가를 두려워합니다. 당연히 이런 아이일수록 평가를 피하려 합니다. 자아를 보호할 수 있는 가장 쉬운 방법이기 때문입니다. 하지만 평가를 피할 수 있는 학교나 학원은 없습니다. 게다가 고등학생이 되면 시험 난도는 점점 올라가고, 내신과 수능까지 준비해야 해서 평가 횟수가 더욱 늘어납니다.

◆ Kahneman, D., & Tversky, A. (1979). On the interpretation of intuitive probability: A reply to Jonathan Cohen. Cognition, 7(4), 409-411. https://doi.org/10.1016/0010-0277(79)90024-6

지금부터라도 평가에 대비해야 한다는 생각과 평가에서 더 멀리 도망치고 싶다는 생각이 부딪힙니다. 의식과 무의식의 싸움입니다.

의식 세계는 다른 사람들과 비교하는 일이 피할 수 없는 과정임을 알지만, 무의식 세계는 이런 비교 상황을 피할 수 없는 학원 같은 학습 공간을 최대한 피하려고 합니다. 부모나 선생님의 말은 백 번 이해하지만 '그냥' 학원에 가기가 싫습니다. 자신이 왜 '그냥' 가기 싫은지 생각하는 것조차 무의식이 막기도 합니다. 가기 싫은 이유를 알면 지금까지 스스로 만들어온 자신의 이미지가 무너지기 때문입니다. 이런 불안한 상황이 지속되면 영어 공부를 더욱 피할 수밖에 없습니다.

시간이 지나면 어렸을 때 잘하던 영어를 더 이상 잘하지 못한다는 현실을 알게 됩니다. 점점 더 무기력해지면서 영어 공부 자체에 회의를 느낍니다. 나는 원래 영어를 못하는 사람이었다고 단정하고 예전에 잘했다고 생각한 긍정적인 감정을 부정합니다. 과거에는 잘했는데 지금은 못한다는 사실을 받아들이면 괴롭기 때문입니다. 잘하고 좋아했던 게 분명할수록 현재 자신이 처한 상황이 비참하게 느껴집니다. 즉, 아이에게는 과거와 현재가 다른 세계처럼 느껴지고 과거의 자신과 현재의 자신 또한 서로 다른 사람처럼 여겨집니다. 현재의 자신을 부정하는 이유입니다.

이러한 상황에 처하면 아이는 굉장히 힘들기 때문에 돌파구를 찾아야 합니다. 이때 또 한 번 공부에 방해되는 심리적 자기 위안

장치가 발동됩니다. 간단하게 이런 사실과 멀어지는 것입니다. 과거의 자신과 현재의 자신을 비교하는 상황을 피하면 됩니다. 이는 반사적인 행동으로 인간의 본성입니다. 뜨거운 물체에 손이 닿으면 반사적으로 손을 떼는 것과 같습니다.

아이들은 성장 과정에서 아주 많은 정보에 노출됩니다. 매 순간 경험하는 수많은 정보에 대해 모두 인지하고 분석하고 반응할 수 없습니다. 인간은 노출되는 청각, 시각, 촉각, 후각, 미각 중 일부만 선택하여 단기 기억으로 보냅니다. 이 선별 과정은 대개 무의식적으로 이루어집니다. 따라서 재능을 우선으로 하는 아이의 경우 자신의 무의식이 자신을 '보호'하는 역할을 합니다. 즉, 자신의 재능에 의문을 품게 하는 정보에 노출되면 무의식은 자아를 보호하기 위해 알아서 적당히 걸러내는 것입니다. 단기 기억에서 장기 기억으로 옮겨가는 과정은 좀 더 의식적인 과정이지만 이때도 아이의 무의식은 자아를 보호하기 위해 선택적으로 정보를 저장합니다.

이쯤 되면 아이는 영어 공부를 떠올리기만 해도 극도로 불안해집니다. 자신이 생각하는 이 세상과 자신이 처한 현실 간에는 너무나도 큰 차이가 나기 때문에 현실을 직면해야 하는 상황을 반드시 피해야 합니다. 영어 공부는 물론 영어 공부에 대한 대화나 생각조차 싫어지는 이유입니다. 왜 싫어하는지 정확한 이유를 몰라 아이는 더 힘이 듭니다. 옆에서 지켜보는 부모는 영어를 그렇게 좋아하던 아이가 이렇게 영어를 피하는 게 이해되지 않고, 자신이 잘못한

게 뭔지 찾아보게 됩니다. 큰 노력 없이도 잘하는 것을 찾고자 하는 단순한 아이의 마음이 이런 심리적 비극을 초래한다는 것을 모른 채 아이도 부모도 힘들어합니다.

공부머리는 공부할수록 좋아진다고 믿는 아이

이제 공부는 노력하면 잘할 수 있다고 믿는 B를 살펴보겠습니다. B는 발전을 주요 가치로 여깁니다. 현재 자신이 지닌 능력보다 어떤 과정을 거쳤을 때 자신이 얼마만큼 성장하는지를 중요하게 생각합니다. 따라서 지금 자신이 잘하는 것과 못하는 것은 덜 중요하게 여깁니다. 선생님이 아이에게 독서량이 부족하다며 읽기 과제를 늘리자고 하면 보통은 그러겠다고 합니다. 물론 스스로 약점을 파악하고 그 약점을 보완하기 위해 면밀히 분석하는 아이는 지금까지 보지 못했습니다. 그럼에도 성장을 중요하게 여기는 아이는 약점을 보완해야 한다는 사실을 받아들이고, 누군가 약점을 보완하는 방법을 제안하거나 조언해도 받아들일 가능성이 높습니다.

이 아이들이라고 해서 공부 조언이 마냥 좋은 것만은 아닙니다. 인간은 자기 자신을 객관적으로 판단하기 어렵습니다. 자기 자신에게도 약점은 숨기고 싶을 만큼 나약한 존재가 인간입니다. 그런데 조언은 약점을 인정해야 받아들일 수 있습니다. 아이들에게도 어려운 일입니다. 그럼에도 조언을 받아들이는 아이는 내켜서가 아니라 '그냥' 싫은 정도가 덜하기 때문입니다. 다행히 선생님의 조언이 맞았고, 아이가 노력해서 성장을 이뤄내면 아이는 성장에 대한 확신을 얻습니다. 노력한 만큼 재능이 성장하는 것을 경험한 아이는 공부뿐 아니라 다른 분야에도 더 쉽게 도전합니다. 자신의 성장을 믿을 뿐 아니라 자신을 돕는 사람도 신뢰합니다. 영어학원에 다니고 있다면 학원을 권유한 부모님께 감사하고, 자신을 면밀히 판단해 주고 올바른 방법을 제시해 준 선생님을 신뢰합니다. 선생님이 권하는 또 다른 제안도 선뜻 따릅니다.

이런 아이를 가르치는 선생님 역시 자기 효용감이 높아집니다. 확신을 가지고 수업을 진행할 수 있어 수업 효율이 올라갑니다. 효율이 높아질수록 아이들은 선생님을 더 신뢰하고 긍정합니다. 이런 아이들은 선생님을 더 열심히 가르치고 싶게 만듭니다. 이처럼 자신이 어떤 일을 효과적으로 수행할 수 있다고 믿는 것만으로도 업무 효율이 올라갑니다. ◆

성장을 중요하게 생각하는 아이는 부모님이나 선생님과 학업에 대해 이야기하는 것을 두려워하지 않습니다. 공부의 삼박자인 학생-교·강사-부모 사이에 긍정적인 감정이 자리 잡으면 아이에 대한 진단, 평가, 계획도 수월하게 진행됩니다.

'마음가짐이 모든 것을 결정 짓는다'는 사실을 널리 알린 사람은

◆ Gibbs, C. (2003). Explaining effective teaching: Self-efficacy and thought control of action. The Journal of Educational Enquiry, 4(2), Article 2.

스탠퍼드대 심리학과 교수인 캐롤 드웩입니다. 캐롤 드웩은《마인드셋》*에서 성장 마인드셋(마음가짐)과 고정 마인드셋의 정체를 밝히고 무엇이 성장을 이끌어내는지를 명쾌하게 풀어냅니다. 제 경험을 들여다봐도 노력과 학습을 통해 자신의 능력이 커진다고 믿는 아이들, 공부에 대해 긍정적인 마음을 가지고 있는 아이들이 성적을 빠르게 올렸습니다. 아이들은 끊임없이 성장해야 하는 존재입니다. 부모와 선생님이 아이들에게 더욱 성장 마인드셋을 심어줘야 하는 이유입니다.

재능에 의존하고자 하는 경향은 약한 마음에서 오기도 합니다. 재능이 있으면 노력을 하지 않아도 많은 것을 이룰 수 있을 것 같기에, 그리고 사실 노력하는 일이 고통스러운 과정임을 알기에 인간은 재능에 집중하고 싶어 합니다. 이런 심리를 잘 이해하고, 아이들을 노력과 성장에 집중시키는 것이야말로 부모와 선생님의 역할이라는 사실을 잊지 말아야 합니다. **

◆   Dweck, C. S. (2006). Mindset. The new psychology of success. Random House.

◆◆   Blackwell, L. S., Trzesniewski, K. H., & Dweck, C. S. (2007). Implicit Theories of Intelligence Predict Achievement Across an Adolescent Transition: A Longitudinal Study and an Intervention. Child Development, 78(1), 246-263.

바른 자세가
공부의
시작이다

　　보통은 생각이 행동을 지배한다고 여깁니다. 하지만 행동이 생각을 지배하는 경우도 있습니다. 예를 들면 연필을 무는 행동만으로 더 행복감을 느낀다는 연구 결과가 있습니다.[◆] 이 연구에서는 연필을 입에 물고 설문에 답한 참가자의 행복지수가 연필을 물지 않고 답한 참가자의 행복지수보다 높게 기록되었습니다. 입에 연필을 물면 안면 근육이 웃을 때처럼 변하고 이 행동이 뇌에 영향을 주어 참가자가 더 행복하다고 느낀다는 내용입니다. 의도하지 않

◆　　Strack, F., Martin, L.L., & Stepper, S. (1988). Inhibiting and facilitating conditions of the human smile: A nonobtrusive test of the facial feedback hypothesis. Journal of Personality and Social Psychology, 54, 768-777.

은 행동이 생각에 영향을 끼친다는 것을 알려주는 대표적인 연구입니다. 평소에 아이들의 자세를 지도할 때 자주 언급하는 연구이기도 합니다.

조금만 방심하면 아이들의 자세가 금방 흐트러집니다. 자세가 흐트러지면 그만큼 학습 효율이 떨어집니다. 턱을 손으로 받친다거나 자꾸 책상에 엎드리는 아이들이 있습니다. 그러다 잠들어버리는 경우도 있습니다. 애초에 눈이 보이지 않게 모자를 푹 쓰고 오거나 후드를 뒤집어쓴 채로 수업을 듣기도 합니다. 선생님과 의사소통을 하지 않으려는 의식적 또는 무의식적 행동입니다.

이런 아이들은 저와 눈이 마주치면 관심을 받았다고 여겨 부담스러워합니다. 약간의 부담감은 공부를 조금이라도 더 하게 만드는 힘이 있습니다. 눈이 마주치면 공부를 해야 하므로 일단 눈을 피하려 하고 고개를 숙입니다. 교실 맨 뒤에 앉는 아이들의 심리도 비슷합니다. 시선에서 벗어날수록 공부를 덜 할 수 있다고 여기는 것입니다. 이런 아이들은 공부가 아니라 일상을 물어도 대답을 피합니다. 선생님과 친해질수록 공부에 대한 선생님의 요구를 무시하기 어려워지기 때문입니다.

팔짱을 끼고 수업을 듣는 아이도 있습니다. 대체로 이런 아이들은 지적 능력이 뛰어나고 선생님의 실수를 지적하길 좋아합니다. 이왕이면 수업을 받아들이기 좋은 자세로 공부하면 좋겠지만 괜찮습니다. 눈을 피하는 것보다는 훨씬 낫습니다. 비판적인 학생은 수업 내용을 잘 분석하고 배워가기 때문입니다. 다만 선생님은 이런 아이들에게 정당한 지적을 받으면 실수를 인정하고, 시간이 허락되면 어떤 실수를 했는지 설명하는 게 좋습니다. 아이의 지적을 무시거나 억압하면 아이는 수업이 별로라거나 선생님을 무시하며 더 이상 배울 게 없다는 핑계를 대고는 공부를 안 하려고 합니다.

인사에도 비슷한 의미가 있습니다. 저는 수업을 시작하고 마무리할 때 모두 저를 바라보게 하고 웃으며 인사합니다. 별것 없어 보이지만 인사를 하느냐 하지 않느냐에 따라 저는 물론 아이들의 자세가 달라집니다. 인사는 서로를 존중하는 표현이기 때문입니다. 저는 조금 더 친절해지고 아이들은 조금 더 공손해집니다. 수업이 마냥 편하고 즐거운 게 아니므로 이런 마음은 매우 중요합니다.

행동에 담긴 의미를 미리 이야기해 주는 것도 도움이 됩니다. 저는 학생과 처음 만난 날 공부와 관련해서는 평가와 지적을 할 거라고 말합니다. 하지만 그 평가와 지적이 아이의 인격을 판단하는 것이 아님을 반복해서 말해줍니다. 지적하는 사람도 지적당하는 사람도 기분이 좋지 않습니다. 하지만 공부하는 과정에서 지적이 없을 수는 없습니다. 이것이 필수라는 걸 받아들이도록 자주 이야기하고 설명해서 납득시켜야 합니다. 지적을 달게 받는 아이가 성장하고, 성장을 확인한 아이는 이러한 지도를 반기기도 합니다. 그때까지 아이에게 알려줘야 합니다. 그것이 부모와 선생님의 일이기도 합니다.

시험을 피하면
나아갈 수 없다

　공부를 잘하려면 자신이 잘하는 부분과 부족한 부분이 무엇인지 알아야 합니다. 그리고 자신이 잘하는 부분은 유지하고 부족한 부분은 보완해 나갈 수 있어야 합니다. 공부에도 전략이 필요한데 마냥 편하게만 공부하려는 아이들이 많습니다. 국제학교 출신이나 해외에서 살다 온 리터니(Returnee)들을 예로 들어보겠습니다. 이 아이들은 대체로 영어 실력이 우수합니다. 그런데 중학교 내신 시험을 망치는 경우가 많습니다. 중학교 내신 시험에는 문법 문제가 많이 출제되는데 이 아이들은 한국식 문법을 어려워하기 때문입니다. 이미 영어 실력이 기본 이상이라 문법만 보강하면 충분한데 아이들은 이 길을 걷지 않습니다. 리터니에 특화된 학원에서 편하게 공부하려 합니다.

리터니에 특화된 학원에서는 중학교 내신 시험은 물론 고등학교 내신 시험도 크게 도와주지 않습니다. 학원 선생님이 대부분 원어민이거나 교포 출신이라 한국식 문법을 싫어하고, 한국식 영어는 실용 영어와 거리가 있다고 여기기 때문입니다. 틀린 말은 아니지만, 현실적으로 아이들이 처한 학업 환경을 도외시하면 이 아이들은 내신 시험이나 수능과 점점 더 멀어집니다. 리터니들에게 더 필요한 공부는 오히려 '한국식' 문법 기초 교육 및 훈련입니다.

문법이 약하면 문법을 더 공부하고 어휘가 약하면 단어 공부를 더 해야 합니다. 그런데 대다수 아이들은 반대로 공부합니다. 독해를 잘하는 아이는 독해만 더 파고듭니다. 물론 독해만 해도 문법은 자연스럽게 좋아집니다. 하지만 성장이 더딥니다. 당연히 시험을 보면 다른 아이들보다 문법 성적이 낮습니다. 자꾸 잘하는 것과 편한 것만 공부하면 못하는 과목을 더 못하게 되어 차이가 점점 더 벌어집니다. 아이들이 특별히 이상해서 그런 게 아닙니다. 인간은 본능적으로 못하는 것을 피하려는 경향이 있기 때문입니다.

그래서인지 아이들은 시험을 어떻게든 피하려고 합니다. 시험은 자신이 잘하는 부분도 드러내지만 못하는 부분도 드러내기 때문입니다. 어른은 물론 아이도 능력 있는 사람이고 싶어 합니다. 그런데 약점이 드러나면 능력이 없는 사람처럼 여겨집니다. 숨기고 싶은 게 당연합니다. 여기시 끝나지 않습니다. 주변 사람에게 시험 점수로 평가받는 건 더 싫습니다. 능력 있는 사람으로 보이고 싶은데 그런 이미지를 유지할 수 없기 때문입니다.

시험에 따르는 스트레스가 워낙 커서 시험이 오히려 공부를 방해한다고 말하는 사람도 있습니다. 초등학교에서 시험을 보지 않고, 시험을 보더라도 성적을 공개하지 않는 이유입니다. 그런데 시험만큼 공부를 돕는 방법도 없습니다. 이를 증명하는 대표적인 실험으로 워싱턴대 심리학자 제프리 D. 카피크와 헨리 L. 로디거의 실험이 있습니다.[*] 이 실험에서는 아이들에게 수업을 듣게 한 후 A그룹 아이들에게는 복습을 시키고, B그룹 아이들에게는 연습 시험을 보게 했습니다. 이틀 후 수업 내용에 대한 시험을 보게 했는데 B그룹 아이들의 점수가 높게 나왔습니다. 2주 후에도 다시 시험을 보게 했는데 이번에는 점수 격차가 더 벌어졌습니다.

카피크와 로디거는 실험 결과를 제시하면서 시험을 자주 보는 것이 중요하다고도 말합니다. 이 이야기는 반복 학습의 중요성과도 연관이 있습니다. 인간의 기억력은 좋지 않기 때문에 반복적으로 학습하는 것이 중요합니다. 이런 반복 학습 중 가장 효율이 높은 것이 시험이라는 말입니다. 이외에도 시험이 복습이나 예습보다 시간당 효율이 높다는 것은 여러 실험을 통해 증명되었습니다.[**]

◆　　Karpicke, J. D., & Roediger, H. L. (2008). The Critical Importance of Retrieval for Learning. Science, 319(5865), 966-968.

◆◆　Adesope, O. O., Trevisan, D. A., & Sundararajan, N. (2017). Rethinking the Use of Tests: A Meta-Analysis of Practice Testing. Review of Educational Research, 87(3), 659-701.

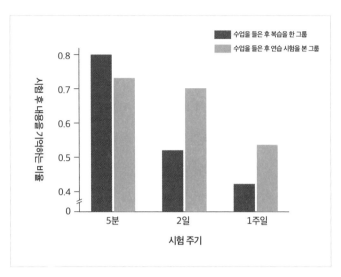

수업을 들은 후 복습을 한 그룹(■)과 연습 시험을 본 그룹(■) 간 시간 경과 후 시험 결과 표

시험은 아이에게 많은 부담이 되고 자신에 대한 긍정적 이미지를 유지하고픈 마음을 상하게 합니다. 하지만 현실을 조금 더 정확히 보려면 객관적인 시험이 필요하고 결과도 투명하게 공개해야 합니다. 그래야 아이가 스스로 생각하는 자신의 모습과 다른 사람들이 보는 자신의 모습 간 차이를 줄일 수 있습니다. 이것이 메타인지를 돕는 방법입니다. 공부를 잘하려면 자신을 객관적으로 잘 평가하는 태도가 매우 중요합니다. 시험을 자주 보는 환경에서 공부하면 결과가 더 좋은 이유입니다.

중학생 공부는 누구라도 힘들다

아이가 초등학생 때는 공부를 잘했는데 중학생이 되더니 공부를 놓은 것 같아 걱정이라고 말하는 부모님을 자주 만납니다. 아이마다 시기와 정도가 조금씩 다르지만 모든 아이가 겪는 일입니다. 초등 시기는 아이들의 인지능력이 꾸준히 향상되는 시기입니다. 이 시기 아이들은 자기 통제력은 높아지는 데 비해 충동성은 아직 강하지 않아 학습하기에 좋은 상태로 나아갑니다. 저도 아이들을 가르치지만, 초등 고학년 아이들이 가장 잘 알아듣고 잘 따라옵니다.

이렇게 순하고 잘 따르며 열심히 하던 아이도 중학생이 되면 공부하기를 힘들어합니다. 성장 과정에서 오는 당연한 현상입니다. 어려서부터 공부에 재능이나 흥미를 보이지 않았던 아이는 이 시기가 와도 오히려 마음이 편합니다. 가족이나 주변 사람의 기대가 적으면 공부를 덜 하거나 공부에서 멀어져도 죄책감이나 좌절감이 적기 때문입니다. 반면 어려서부터 공부에 재능을 보였고 결과도 좋았던 아이는 심리적으로 흔들립니다. 가족이나 주변 사람들의 기대를 저버리고 싶지 않다는 마음과 자극적·충동적인 것에 자꾸 끌리는 마음과 또래와 어울리고 싶은 사회적 욕구 사이에서 갈등하기 때문입니다.

공부 시간은 줄고 친구들과 몰려다니며 노는 시간이 늘어납니다. 공부를 잘해왔던 아이는 자신이 가족의 기대를 저버렸다는 생각에 친구들과 놀면서도 불편합니다. 자신이 왜 이렇게 변했는지 모르겠다며 자책하는 아이도 있습니다. 친구들과 놀지 않고 공부를 하는 아이도 편하지는 않습니다. 똑같이 공부해도 전에 비해 집중하는 시간이 확연히 줄어들어 당황스럽습니다.

대개 아이가 공부를 잘하면 지능이 높아서라고 여기는데 그보다는 집중력이 높기 때문인 경우가 많습니다. 어려서부터 공부를 잘해온 아이들은 다른 아이보다 집중력이 높습니다. 독서할 때 보면 책 속에 푹 빠져 누가 옆에 와도 모를 정도입니다. 하지만 이런 집중력이 사춘기 시기에는 급격히 떨어집니다. 그만큼 공부도 독서도 하기 힘들어지니 점점 더 멀어집니다. 학원에서 상담해 보면 아이 스스로 자신이 초등학생 때는 똑똑했는데 지금은 멍청해졌다고 말합니다. 과거로 돌아가고 싶다고 말하기도 합니다. 지켜보는 부모도 답답하겠지만 정말 더 힘든 건 아이들입니다.

저(백시영)는 어렸을 때 몸이 작고 약했습니다. 밖에서 뛰어노는 시간보다 집 안에서 책을 읽으며 시간을 보낼 때가 많았습니다. 언젠가 친구들과 공원에 간 적이 있는데 거기서도 컴퓨터 작동 원리에 관한 책을 읽었던 기억이 있을 정도입니다. 그곳이 어디든 책에 푹 빠져들었던 시기입니다.

책을 무척 좋아했고 책을 읽으면 무아지경에 이르는 경험을 했던 저조차 중학생이 되어서는 집중력을 잃었습니다. 집중력이 떨어지니 공부나 독서가 예전처럼 쉽지도 즐겁지도 않았습니다. 공부가 점점 더 고통스러워졌습니다. 당시에도 부모님은 여전히 바쁘셨기에 저에게 공부하라는 말은 하지 않았지만 저에 대한 기대가 높다는 것을 알고 있었습니다. 그래서 공부를 놓지는 않았지만 성적을 유지하는 정도로 최소한의 공부만 했습니다. 그리고 제 안에 새롭게 생겨난 자극적인 욕망과 사회적인 욕구를 부모님이 눈치채지 못하게 숨겼습니다. 당시에는 학교에서도 사소한 사고를 일으키곤 했지만 큰일이 아니다 보니 대부분 덮였습니다. 성적도 우수하고 반장이었던 덕도 보던 시기였습니다.

'중학교 성적이 대학을 결정한다'는 이야기를 자주 듣습니다. 중학생 때가 공부 고비여서 생긴 말로 들립니다. 실제로 이 시기를 어떻게 넘기느냐에 따라 다음 공부가 수월해지기도 하고 멀어지기도 합니다. 중학교 성적은 다 의미 없다며 고등학교 때 열심히 하면 된다고 말하는 부모나 아이들이 있습니다. 결코 그렇지 않습니다. 중학생 때까지 프로게이머를 꿈꾸며 종일 게임만 하던 아이가 고등학생 때부터 마음을 바꿔먹고 열심히 공부해 서울대에 갔다는 이야기를 방송에서 들은 적이 있습니다. 이런 방송을 보면서 내 아이도 고등학생이 되면 바뀔 거라 기대하지만 실상은 어렵습니다.

중학교 때까지 놀았지만 입시에 성공한 아이는 높은 지능, 집중력, 메타인지, 인내심, 체력, 원만한 부모님과의 관계를 다 가진 아이입니다. 이 중 하나라도 부족했으면 서울대에 갈 수 없고, 방송에도 당연히 나올 수 없습니다. 보통 아이에게는 일어날 수 없는 일입니다. 기적을 기대하기보다 현재를 충실히 살아나가도록 아이를 다독여야 합니다. 공부의 끈을 놓지 않도록 도와야 합니다.

일단 아이들에게 사춘기에는 누구라도 공부가 어렵다는 것을 알려야 합니다. 사춘기에 맞게 될 자신의 변화와 상황을 준비할 수 있게 해야 합니다. 이 점을 아이, 선생님, 부모님 모두 공유하고 지속적으로 떠올려야 합니다. 공부가 힘들고 어려우니 하지 않아도 된다는 말이 아니라, 이렇게 어렵고 힘든 공부를 하고 있는 너는 충분히 훌륭하다고 칭찬해 줘야 합니다. 저는 가끔 중학생 때 누군가 제게 이 사실을 알려줬더라면 참 좋았겠다는 생각을 합니다. 알았더라면 덜 힘들고 덜 고민했을 것 같기 때문입니다.

불편한 환경이
나을 때도 있다

저는 아이들에게 영작을 시킬 때 꼭 손으로 쓰라고 말합니다. 컴퓨터에서 글을 쓰면 번역기나 문법 오류를 잡아주는 프로그램을 사용하게 됩니다. 온전히 내 머리로 생각해서 써야 하는데 자꾸 보조 도구에 의지하게 됩니다. 무엇보다 대다수 시험장에서 답지를 손으로 써서 내게 합니다. 시험장 환경과 최대한 비슷한 환경에서 연습해야 실제 시험에서도 제 실력이 발휘됩니다.

강의를 들을 때도 손 필기가 타이핑보다 효과적이라는 연구 결과가 있습니다. 미국의 심리학자 팜 뮐러와 다니엘 오펜하이머가 프린스턴대 대학생 327명을 대상으로 한 실험입니다. 모두에게 TED 강의를 듣게 했는데 A그룹에게는 강의 내용을 손으로 필기하게 했고, B그룹에게는 타이핑을 하게 한 뒤 얼마나 이해했는지를 확인했습니다. 필기 양은 A그룹보다 B그룹이 많았습니다. 강의에 나오는 단편적인 지식을 묻는 질문에는 두 그룹 간에 차이가 거의 없었습니다. 하지만 강의에 담긴 개념이나 고차원적인 정보를 묻는 질문에는 A그룹이 B그룹보다 더 잘 답했습니다. 손 필기를 할 때는 강의 내용을 선택해서 적는 경향이 강했습니다. 전부를 적을 수 없으니 요약하거나 정리하여 적는 과정에서 머리를 복잡하게 쓰는 것입니다. 하지만 타이핑한 그룹은 요약하거나 정리하기보다 많이 적는 데 급급했습니다. 적는 데 집중하다 보니 생각을 덜한 셈입니다.

공부를 쉽고 편하게 하려는 아이들이 많습니다. 하지만 공부는 머리를 더 많이 쓸수록 좋은 결과가 나옵니다. 별 차이 없어 보이지만 손으로 쓰기와 타이핑도 마찬가지입니다. 손과 머리가 편할수록 공부는 덜 됩니다. 쉽고 편한 방법이 아니라 어렵고 힘들더라도 더 집중할 수 있는 방법을 찾아야 합니다.

가끔 음악을 들으며 공부해야 공부가 잘된다고 말하는 아이가 있습니다. 물론 좋아하는 음악을 들으면 기분이 좋아져 공부가 더 잘될 수 있습니다. 하지만 이 방식은 장점보다 단점이 많습니다.

◆ Mueller, P. A., & Oppenheimer, D. M. (2014). The Pen Is Mightier Than the Keyboard: Advantages of Longhand Over Laptop Note Taking. Psychological Science, 25(6), 1159-1168.

인간은 두 가지 일을 하며 동시에 집중할 수 없습니다.[*] 얼핏 보기에는 두 가지 일을 동시에 하는 것으로 보이지만, 알고 보면 음악 듣기를 잠깐 하고 공부하기를 잠깐 하는 식으로 집중력을 나눠 쓰는 것입니다. 워낙 순식간에 왔다 갔다를 반복하기 때문에 동시에 하는 것처럼 느낄 뿐입니다. 이런 방식은 한 가지 일에 집중할 때에 비해 훨씬 효율이 떨어집니다. 집중력이 더 빨리 떨어지고 더 빨리 피곤해집니다. 공부에 집중하면 음악 소리가 들리지 않으므로 상관없다고 말하는 아이도 있습니다. 그렇다면 음악을 들어서 기분이 좋아지는 효과(장점)가 없는 셈입니다.

공부는 고도의 집중력을 요구합니다. 특히 30여 개의 기호로 이 세상에 알려진 모든 지식과 생각을 표현하려는 글을 읽을 땐 상당한 집중력이 필요합니다. 따라서 집중력을 분산시키는 음악은 도움이 되기 어렵습니다. 억지로 공부하는 아이들은 음악처럼 집중력을 분산시키는 요소를 선호합니다. 이 아이들에게는 공부를 몇 시간 했는지가 중요합니다. 물론 공부할 때 시간은 중요합니다. 하지만 실력이 향상되려면 시간과 집중력이 모두 중요합니다. 실력은 공부한 시간과 집중력이 곱해져 향상됩니다. 집중력을 100퍼센트 발휘해 1시간 공부하는 것이 집중력을 30퍼센트 발휘해 3시간

[◆] Junco, R. (2012). In-class multitasking and academic performance. Computers in Human Behavior, 28(6), 2236-2243. https://doi.org/10.1016/j.chb.2012.06.031

공부하는 것보다 낫다는 말입니다.

이런 이유가 아니더라도 음악을 들으며 공부하기는 권하지 않습니다. 시험장에서 타이핑을 할 수 없는 것과 마찬가지로 대다수 시험은 음악을 들으면서 볼 수 없기 때문입니다. 편안한 집보다 다소 불편한 학교나 학원에서 공부하는 게 더 효과적인 이유 중 하나는 시험 보는 환경과 유사해서입니다. 공부 환경과 시험장 환경이 비슷할수록 결과가 좋습니다. 운동선수가 자신에게 익숙한 홈구장에서 경기를 더 잘하는 것과 유사합니다. 따라서 시험 보는 환경과 같게 음악이 없는 환경이 공부하기에 더 좋습니다.

입시까지 아이들의 시간은 한정되어 있습니다. 따라서 어떻게 하면 집중력을 최대로 올릴지 고민해야 합니다. 학원에서는 휴대폰을 무음으로 바꾸고 눈앞에 보이지 않도록 가방에 넣어두라고 합니다. 휴대폰이 눈앞에 있으면 계속 시선을 빼앗기고, 휴대폰 소리와 진동까지 더해지면 집중력이 바닥까지 떨어지기 때문입니다. 같은 이유로, 아이가 집에서 공부할 때도 집중력을 떨어트리는 요소가 없는지 부모님께서 확인하시라고 권합니다.

수면이 학습에 영향을 미친다

　개인차는 있지만, 공부를 잘하려면 보통 7시간 이상 자야 합니다. 수면 시간은 공부할 때 필요한 집중력, 기억력, 감정 조절과 매우 밀접한 관계가 있기 때문입니다.

　수면 주기는 평균 90분 내외입니다. 뇌의 활성화는 EEG (electroencephalogram) 뇌파를 통해 측정할 수 있는데, 수면 주기가 시작될 때 뇌는 깨어 있을 때보다 조금 낮은 활성화 상태에 이릅니다. 그러다 눈에 띄게 두뇌 활동이 둔해지면서 깊은 잠 속으로 빠져듭니다. 흔히 말하는 깊은 수면 상태입니다. 깊은 잠은 몸과 마음에 휴식을 가져다줍니다. 첫 주기에서는 깊은 잠의 비중이 크고 주기가 반복될수록 깊은 잠의 비중은 줄어듭니다. 따라서 휴식은 잠의 초기에 중점적으로 이루어집니다. 깊이 잠든 시간은 깨어 있는 동안의 집중력을 회복시키는 시간이기도 합니다.[*] 새로운 것을 배울 수 있도록 돕는 동력인 집중력을 깊은 잠을 통해 얻는 셈입니다.

깊은 잠 후에는 두뇌가 점점 더 활성화되면서 꿈을 꾸는 단계인 REM(Rapid Eye Movement) 상태에 진입합니다. 이 상태에서는 눈을 감고 있어도 눈동자가 빠르게 움직입니다. 이때의 뇌파는 깨어 있을 때의 뇌파와 유사해서 다른 단계보다 잠에서 쉽게 깹니다. 수면 주기가 평균 90분이므로 7~8시간 자면 서너 차례 꿈을 꿉니다. 첫 주기에서는 깊은 잠이 길고 꿈꾸는 시간이 적다면 주기가 거듭될수록 꿈꾸는 시간이 길어집니다.

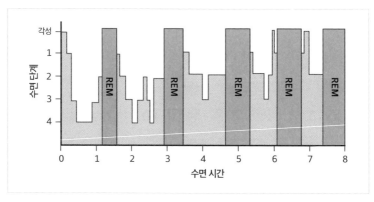

수면 주기 표

◆　Lim, J., & Dinges, D. F. (2008). Sleep Deprivation and Vigilant Attention. Annals of the New York Academy of Sciences, 1129(1), 305-322. https://doi.org/10.1196/annals.1417.002

수면이 학습에 도움이 되는 직접적인 방법은 단기 기억의 장기 기억화입니다.[*] 수면은 전날의 복습 시간입니다. 배운 것을 다시 끄집어낸 후 나중에 다시 쉽고 빠르게 찾을 수 있도록 보관하는 정리 시간입니다. 깨어 있을 때 배운 내용을 나중에 활용하고 싶다면 7시간 이상의 규칙적인 수면이 중요합니다. 단순 지식뿐 아니라 숙달의 영역인 말하기, 쓰기, 빨리 읽기의 습관도 수면을 통해 견고하게 다져집니다.

수면은 감정 조절도 돕습니다.[**] 인간은 감정의 동물이고 안정적인 심리 상태는 학습에 매우 중요한 요소입니다. 청소년 시기에 겪는 익숙지 않은 감정 변화가 학습을 어렵게 하는 것이 그 증거입니다. 수면 중 꿈은 힘든 감정을 만드는 상황을 재현해서 어느 정도 해결할 수 있는 기회를 제공합니다. 마음을 누르거나 감정을 지배하는 사건 또는 생각이 꿈에 나타나는 비율이 높은 것도 이 때문입니다. 수면 후반기 주기일수록 꿈의 비중이 크므로 충분히 자야 감정을 안정적으로 유지할 수 있습니다. 안정된 감정은 대인 관계를 원만하게 하는 데 도움을 주기 때문에 대인 관계로 생기는 스트

◆　Stickgold, R., & Walker, M. P. (2013). Sleep-dependent memory triage: Evolving generalization through selective processing. Nature Neuroscience, 16(2), Article 2.

◆◆　Astill, R. G., Van der Heijden, K. B., Van IJzendoorn, M. H., & Van Someren, E. J. W. (2012). Sleep, cognition, and behavioral problems in school-age children: A century of research meta-analyzed. Psychological Bulletin, 138(6), 1109-1138.

레스도 줄일 수 있습니다. 반대로 잠이 부족하면 감정 조절이 어려워지면서 대인 관계에서 오는 스트레스를 더 받게 되는 악순환을 경험할 수 있습니다.

저(남기정) 역시 대입을 준비하면서 잠을 줄이고 공부한 적이 있습니다. 그때 여기저기 자주 아팠습니다. 수업 시간에는 졸려서 집중하기가 힘들었고 공부할 때도 집중하기가 어려웠습니다. 그렇게 몰아세웠지만 성적은 오히려 떨어졌습니다. 스트레스를 풀려고 그랬는지 즉흥적으로 판단하고 행동하는 일도 많아졌습니다. 이전의 제 모습을 알던 친구들도 의아해할 정도였습니다. 수면이 학습에 미치는 영향을 그때 알았더라면 선택하지 않았을 공부 방법입니다. 잠을 줄여 그만큼 성적을 올리겠다는 아이들이 많지만 저를 비롯한 모든 아이가 실패하는 방법입니다. 공부는 잘 자야 잘할 수 있습니다.

- 부록 -

문법 용어 정리

대치동 영어 완전학습 로드맵

8품사

1 | 명사 (Noun)

사람이나 사물 또는 동물의 이름을 나타내는 낱말 ▶ 존재하는 모든 것

셀 수 있는 명사 (Countable Noun)	셀 수 없는 명사 (Uncountable Noun)
• 보통명사: 사람, 사물, 동물, 식물 예 boy, student, desk, dog, cat, tree, apple • 집합명사: 사람이나 사물이 모여 이룬 집합체를 나타내는 명사 예 family(가족), group(그룹)	• 물질명사: 일정한 형태가 없는 물질을 가리키는 명사(주로 액체, 기체, 가루) 예 water, coffee, air, sugar, salt • 추상명사: 형태가 없는 추상적인 개념을 가리키는 명사(개념, 감정) 예 love, peace(평화), beauty(아름다움), sadness • 고유명사: 대문자로 시작하는 사람이나 장소의 이름 예 Tom, Korea, Seoul

2 | 대명사 (Pronoun)

명사를 대신하는 낱말(관사와 함께 쓰지 못함)

예 I, You, She, We, They

3 | 동사 (Verb)

사람 또는 사물의 움직임과 상태를 나타내는 낱말 ▶ '~다'로 끝나는 말, 과거형이 존재하는 말

① 동작동사 - go, run, walk, jump, come, …

　例 He <u>runs</u> in the room. | I <u>go</u> home early.

② 상태동사 - be동사(am, are, is), love, like, have, want, know, …

　例 She <u>is</u> a nurse. | He <u>has</u> a bicycle.

4 | 형용사 (Adjective)

명사를 수식하는 낱말 ▶ 국어에서 'ㄴ' 받침이나 '~의', '~적'으로 끝나는 말 (서술적 형용사 제외)

例 good, pretty, kind, handsome, young, beautiful, happy, …

例 She is a <u>pretty</u> girl. | It is a <u>red</u> pen.

5 | 부사 (Adverb)

동사, 형용사, 다른 부사를 수식하는 낱말 ▶ 시간, 장소, 방법을 나타냄. 국어에서 '~히', '~하게'로 끝나는 말, '~ly' 철자로 끝나는 말

例 now, here, carefully, just, only, so, too, very, …

① 동사 수식: He runs <u>fast</u>. | She studies <u>hard</u>.

② 형용사 수식: She is <u>truly</u> amazing. | You are <u>really</u> kind.

③ 다른 부사 수식: She ate <u>too</u> much. | He speaks English <u>very</u> fluently.

④ 문장 전체 수식: <u>Unfortunately</u>, he lost everything he had.

6 │ 전치사 (Preposition)

명사를 이어주는 낱말 ▶ 전치사＋명사 → 수식어, '~ 위에, ~ 안에, ~와 함께'처럼 '~'(물
결 표시)와 함께 뜻이 정리된 말

예 on, in, with, for, of …

예 My uncle lives in Seoul. | I want to play with you.

　　Wait until 9 o'clock. | She walked across the road.

7 │ 접속사 (Conjunction)

단어와 단어, 구와 구, 절과 절을 연결해 주는 낱말 ▶ 특히 주어＋동사를 연결하는 말

예 I am tall and thin.(대등)

　　She is pretty but she is lazy.(대조)

　　I was ill, so I didn't go out.(원인과 결과)

　　I think that he is honest.(명사절을 이끄는 종속접속사)

　　She was very smart, when she is a girl.(시간)

　　Because it rained, I couldn't play outside.(이유)

8 │ 감탄사 (Interjection)

기쁨, 놀람, 슬픔, 노여움 등의 느낌. 감정을 나타내는 낱말

예 Oh, Bravo, Wow, Alas, …

문장성분

1 │ 주어

행동의 주체('~은, ~는, ~이, ~가'로 해석하는 맨 앞의 명사)

예 I broke the door to enter the room.
　　주어

2 │ 서술어(동사)

문장에서 '~다'로 해석되는 부분

예 I <u>broke</u> the door to enter the room.
　　　서술어(동사)

3 │ 목적어

행동의 대상('~을, ~,를'로 해석)

예 I broke <u>the door</u> to enter the room.
　　　　　목적어

4 │ 수식어

다른 말을 꾸며주는 말(형용사, 부사)

예 I broke the door <u>to enter the room</u>.
　　　　　　　　　　수식어

5 │ 보어

보충하는 말

① 주격보어(명사): 주어와 같은 명사

예 I am <u>Sam</u>.
　　　주격보어(명사)

② 주격보어(형용사): 동사 뒤에 위치한 형용사로, 주어의 상태를 설명함

예 I am <u>happy</u>.
　　　주격보어(형용사)

③ 목적격보어(명사): 목적어와 같은 명사

예 People call me <u>Tom</u>.
　　　　목적격보어(명사)

④ 목적격보어(형용사): 목적어 뒤에 위치한 형용사로, 목적어의 상태를 설명함

예 He made me <u>angry</u>.
　　　　목적격보어(형용사)

⑤ 목적격보어(목적어의 행동: to부정사, 원형부정사=동사원형, 분사)

예 I want you <u>to study hard</u>.
　　　　　목적격보어(to부정사)

　 he made me <u>go there</u>.
　　　　　목적격보어(원형부정사)

　 I saw her <u>dancing</u>.
　　　　목적격보어(분사)

문장 형식

1 | 제1형식 : 주어(S) + 동사(V - 완전자동사)

예 I go. The sun rises in the east.

Our class begins at 9:20.

Time flies like an arrow. (시간은 화살처럼 빨리 지나간다.)

▶ 부사구[전치사+명사, 대명사]는 문장 형식에 포함되지 않음

It rained hard. ▶ 부사 역시 문장 형식에 포함되지 않음

2 | 제2형식 : 주어(S) + 동사(V-불완전자동사) + 주격보어(SC)

예 He is a musician. (그는 음악가다.)

It got dark. (어두워졌다.)

She became a teacher. (그녀는 선생님이 되었다.)

★ 2형식 동사들

① be동사(~이다)

② get, grow, become(상태의 변화)

③ seem, appear, look(~처럼 보이다)

④ look, smell, taste, sound, feel(감각동사)

★ be동사가 '있다'로 해석되면 완전자동사이고, '이다'로 해석되면 불완전자동사임

3 | 제3형식 : 주어(S) + 동사(V-완전타동사) + 목적어(O)

⟨예⟩ I know Jack. (나는 잭을 안다.)

She introduced me to her sister. (그녀는 나를 그녀의 언니에게 소개했다.)

We know <u>that he likes her</u>. ▶ that절이 목적어로 온 경우

I want <u>to see him</u>. ▶ to 부정사가 목적어로 온 경우

* 밑줄 친 부분이 목적어

4 | 제4형식 : 주어(S) + 동사(V-수여동사) + 간접목적어(IO) + 직접목적어(DO)

⟨예⟩ He gave me a present. (그는 나에게 선물을 주었다.)

He teaches us English. (그는 우리에게 영어를 가르쳐준다.)

Father bought me a book. (아버지가 나에게 책을 사주셨다.)

★ 4형식의 3형식 전환

① to를 쓰는 수여동사 : give, send ,teach, tell, show, bring

⟨예⟩ I gave you a present. ⇒ I gave a present <u>to</u> you.

② for을 쓰는 수여동사 : make, buy, cook, get, order, leave, find

⟨예⟩ My mom bought me a bike. ⇒ My mom bought a bike <u>for</u> me.

③ of를 쓰는 수여동사 : ask, inquire

⟨예⟩ He asked me a few question. ⇒ He asked a few question <u>of</u> me.

5 │ 제5형식 - 주어(S) + 동사(V-불완전타동사) + 목적어(O) + 목적격 보어(OC)

목적격보어에 올 수 있는 말: 명사, 형용사, to부정사, 원형부정사(동사원형), 분사

예 We call him Tom. (우리는 그를 탐이라고 부른다.) ▶ him=Tom 목적어와 동격

The news made him happy. (그 소식을 듣고 그는 행복해졌다.) ▶ 목적어의 성질이나 상태

We expect her to succeed. (우리는 그녀가 성공하기를 기대한다.) ▶ to부정사를 목적격보어로 취하는 동사

He let me clean my room. (그는 내가 내 방을 청소하도록 시켰다.) ▶ let이 사역동사이므로 목적격보어가 동사원형(원형부정사)

I saw her dancing. (나는 그가 춤추는 것을 보았다.) ▶ saw가 지각동사이므로 목적격보어가 분사

* 밑줄 친 부분이 목적격보어

★ 4형식과 5형식 문장의 구분

예 She made me a dress. (그녀는 나에게 옷을 만들어주었다.)

▶ 간접목적어 me ≠ 직접목적어 a dress → 4형식

She made me a doctor. (그녀는 나를 의사로 만들었다.)

▶ 목적어 me = 목적격보어 a doctor → 5형식

목적어와 대등한 관계가 성립되거나 목적어와 보완 관계일 때만 5형식이고, 전혀 다른 개체를 나타낼 때는 4형식이 되는 점에 유의할 것

6 | 구, 절, 문장

① 구: 2단어 이상의 조합

② 절: '주어+동사'를 포함한 2단어 이상의 조합

③ 문장: 마침표 단위

> **Q.** 다음 문장에서 단어, 구, 절, 문장을 찾아보세요.
>
> I like white cats but she likes black cats.
>
> ① 구: white cats, black cats
>
> ② 절: I like white cats, she likes black cats
>
> ③ 문장: I like white cats but she likes black cats.

구 응용

두 단어 이상의 조합을 구(phrase)라고 한다. 구는 하나의 덩어리로, 하나의 품사 같은 역할을 한다.

1 | 명사구

문장 속에서 주어, 목적어, 보어 역할을 함. to부정사의 명사적 용법. '의문사+ to부정사', 동명사구가 명사구에 해당함

예 Good health is above wealth. ▶ 주어

He is fond of listening to music. ▶ 전치사의 목적어

Watching too much TV is not good. ▶ 주어

2 | 형용사구

명사나 대명사를 수식하거나 보어로 쓰임. to부정사의 형용사적 용법. 분사가 포함된 구, '전치사+명사' 등이 있음

예 I have no one to rely on.

The man standing over there is my younger brother.

The girl in a red shirt is my friend.

3 │ 부사구

동사, 형용사, 부사를 수식하는 역할을 함. to부정사의 부사적 용법. 분사구문, '전치사+명사', '형용사+시간명사' 등이 있음

㈇ We eat to live and not live to eat.

　　He left for Paris in the evening.

　　There is no tree in front of our school.

절 응용

'주어＋동사'가 포함된 두 단어 이상의 조합이 절(clause)이다. 절은 대등절과 종속절로 나뉜다. 대등절은 두 개의 절이 동등하게 연결되는 경우이고, 종속절은 문장 안에서 절이 하나의 품사 역할을 하는 경우이다. 종속절에는 명사절, 형용사절, 부사절이 있다.

1 │ 대등절
and, but, or, so 등으로 대등하게 연결되는 문장

예 I like dogs, but I don't like cats.

   I got up late, so I missed the school bus.

2 │ 명사절
문장 안에서 명사처럼 주어, 목적어, 보어 역할을 하는 절

예 That she is beautiful is true.

   I don't know whether she will come or not.

   The trouble is that I don't love her.

3 | 형용사절

형용사와 같이 명사를 수식하는 역할을 함. 일반적으로 관계대명사와 관계부사가 이끄는 절이 이에 해당함

예 It's a book <u>which will interest children of all ages</u>.

This is the house <u>where she was born</u>.

4 | 부사절

문장에서 부사가 하는 역할처럼 시간, 장소, 이유, 원인, 목적, 결과, 조건, 양보, 비교 등을 나타낼 때 쓰임

예 She was absent <u>because she was ill</u>.

<u>If you ask me</u>, I will help you.